Wind und Wärme bei der Berechnung hoher Schornsteine aus Eisenbeton

Von

Dr.-Ing. Karl Döring

Ludwigshafen a. Rh.

Mit einem Geleitwort von

Dipl.-Ing. Hermann Gœbel

Oberingenieur der Badischen Anilin- u. Sodafabrik,
Ludwigshafen a. Rh.

Mit 69 Abbildungen im Text
und 3 Tafeln

Springer-Verlag
Berlin Heidelberg GmbH
1925

Additional material to this book can be downloaded from http://extras.springer.com

Alle Rechte, insbesondere das der Übersetzung
in fremde Sprachen, vorbehalten.

ISBN 978-3-642-98720-5   ISBN 978-3-642-99535-4 (eBook)
DOI 10.1007/ 978-3-642-99535-4

Geleitwort.

Die meisten Baukonstruktionen stammen, was ihre Art anbelangt, aus Zeiten, die keinen exakten mathematisch-theoretischen Anbau der Erscheinungen kannten. Ihre Abmessungen wurden aus Handformeln, die ein findiger talentvoller Kopf mit großer praktischer Veranlagung und noch besonderer mathematischer Begabung aus bestimmten Beziehungen bestehender Objekte abgeleitet hatte, festgelegt. Innerhalb gewisser enger Grenzen ergaben diese Formeln auch brauchbare, durchaus zuverlässige Werte. Sie mußten aber versagen, sobald diese Grenzen überschritten waren. Mit dem Kulturfortschritt wurden die an ein Bauwerk zu stellenden Anforderungen höher und weiter. So versagten schließlich diese Handformeln. Einstürze über Einstürze, Zerstörungen über Zerstörungen traten ein, die ihren letzten Grund in der unzulänglichen theoretischen Erkenntnis hatten.

Die großen Bauaufgaben, die nicht mehr aus einfachen primitiven Erkenntnissen heraus gelöst werden konnten, traten aber nunmehr in Beziehung zu den exakten Naturwissenschaften, und bald waren es diese, die durch den regelrechten theoretischen Anbau sich ein ungeheueres Gebiet eroberten. Glaubte man ursprünglich, mit dem rein mathematischen Anbau alles erreichen zu können, so erkannte man doch bald an Rückschlägen, daß damit allein nicht auszukommen war. Man hatte damals vom Absolutismus der mathematischen Wissenschaften noch eine so hohe Meinung, man war von ihrem Primat noch so sehr überzeugt, daß man glaubte, alle Naturvorgänge a priori unter ihr Joch beugen zu können. Heute haben wir andere Anschauungen. Heute wird fast ausnahmslos der Versuch als die Grundlage aller theoretischen Erkenntnisse betrachtet. Heute sind zahllose Prüfungsanstalten und Laboratorien in den Dienst der Technik gestellt und heute bilden die Ergebnisse dieser Institute die Grundlagen der weiteren mathematischen Behandlung. Man nähert sich im gewissen Sinne nach dieser Richtung wiederum der Arbeitsweise der Alten, freilich in weit ausgreifender großzügiger Weise, gestützt auf eine eingehendere tiefere Erkenntnis der Naturerscheinungen und auf ein innigeres Erfassen aller äußeren und inneren Vorgänge. Was früher nur aus einem engen Gesichtskreise heraus unter falschen Voraussetzungen betrachtet wurde, das erscheint heute unter anderem Gesichtswinkel, von einem höheren Standpunkt aus gesehen, weitaus allgemeiner und universeller. Heute setzt der mathematische Anbau erst nach der vortragenden physikalisch-chemischen Betrachtungsweise ein. Ihm ist eigentlich nur die Aufgabe zugeteilt, Material sowohl als auch Form in Beziehung zum Zweck und zur Standfestigkeit des Bauwerkes zu bringen. Selbstverständlich müssen die hieraus resultierenden Formeln auch die Grenzen enthalten, innerhalb deren sie Gültigkeit haben. Diese Formeln sind aber kein totes lebloses Gebilde, das stumm, ähnlich einer Maschine, seinen Zweck erfüllt und auch dem Stümper zu Willen ist. Nur der wirklich Tüchtige kann aus ihnen lesen, nur er allein kann sie vollendet handhaben. Für ihn sind es aber auch außerordentlich kunstvolle Gebilde, oft von wunderbarer Schönheit des inneren und äußeren Aufbaues, ein hohes Kunstwerk. Allerdings, es gehört ein eigener Sinn dazu, solche Schönheiten zu erkennen. Es ergeht hier wohl den meisten wie den gänzlich Unmusikalischen, die eine Symphonie von Beethoven nur als lästiges Geräusch empfinden. Die Aussagen dieser Formeln sind für den Kundigen immer bedeutungsvoll. Sie berücksichtigen Material, sprechen von der Form und enthalten in sich die Grenzen ihrer Gültigkeit und ihres Sinnes in eindeutiger Weise.

Haben wir aber erst einmal die Gesetze eines Bauwerkes erforscht, dann erst kennen wir es selbst, dann erst kann, aus diesem Wissen heraus, ein neues größeres Meisterwerk entstehen. Alle neu gewonnenen Erkenntnisse können in dieses hineingetragen werden, alle Fehler aber ausgewertet und verschwunden sein.

Unserer Zeit gereicht es zu unendlichem Ruhm, daß sie mit wahrhaftiger Besessenheit, mit einem Willen zur Tat ohnegleichen, aber doch aus einem rein idealistischen Trieb wissenschaftliche Erkenntnisse suchte, ohne Aussicht auf Erfolg und Gewinn. Es fanden sich gerade in Deutschland viele Männer, welche sich ein Schaffen nach dieser Richtung zur Lebensaufgabe machten. Gelehrte. Von der Arbeit dieser Idealisten erfährt die Allgemeinheit nur wenig, und doch ist sie meistens die Basis großer und größter Erscheinungen. Wie viele Erfindungen, wie viele Vorgänge fußen auf einer einmal gewonnenen Einsicht naturwissenschaftlich-mathematischer Natur. Irgendeine einfache Erscheinung wurde, aus dem Hang des Gelehrten heraus, alles Dunkle aufzuhellen, nach Sinn und Gesetz erforscht. Damit war es getan. Die Anwendung geschah meist nachträglich, sehr oft erst nach längerer Zeit. So haben wir es erst letzthin erlebt, daß Prantl den Magnuseffekt in scharfsinnigster und genialer Weise erforschte und dessen Gesetze festlegte, aber erst Flettner ihn als Grundlage einer neuen wirtschaftlichen Ausbeutung der Windenergie erkannte.

Jedoch: auch heute sind noch große wichtige Gebiete der Bautechnik nicht vollständig erforscht, auch heute bauen sich noch manche Theorien auf Annahmen auf, von welchen der Beweis noch aussteht. So sei nur an die Erddrucktheorie erinnert. Bei ihr ist bekanntlich die Reibung an der Mauerrückseite ein noch vielumstrittenes Argument. Auch die Statik arbeitet mit Begriffen, welche schließlich nur Hilfsbegriffe sind und ihre Prozesse nicht richtig kennzeichnen. Dies trifft insbesondere bei dem Begriff der Kraft zu. Alle statischen Vorgänge sind raumzeitlich, sind im Grunde nichts anderes als Energiebegriffe. Der Zeitbegriff fehlt in den statischen Formeln durchaus und doch spielt er bei allen diesen Vorgängen eine außerordentlich wichtige Rolle. Wie ganz anders verhalten sich die Baukonstruktionen gegenüber dem raschen Auftreten statischer Angriffe, wie ganz anders, wenn dieses Auftreten in unmeßbar kurzer Zeit geschieht, wie es bei Explosionen der Fall ist. Alle unsere statischen Formeln versagen hier, weil eben die Gültigkeitsgrenzen des landläufigen Begriffes „Kraft" überschritten sind. Der Begriff Kraft kann nur Gültigkeit haben für Energiebegriffe, die in meßbarer Zeit erfolgen. Die allgemeine Statik wird alle statischen Zustände nur als Zustände gebundener Energien erkennen. Der Begriff „Kraft" kommt bei ihr nicht vor. Unsere landläufigen, altehrwürdigen Formeln werden hierdurch jedoch nicht hinfällig, sie stellen aber nur noch einen Sonderfall dar und ergeben sich von selbst aus den allgemeinen Formeln durch Einführung der Zeit als unendliche Größe.

Eine frühe Baukonstruktion ist der Schornstein. Nach Art uralt. Für ihn, für seine Stabilität kannte man keine anderen Grundsätze, keine anderen Forderungen als solche, welche man an die meisten anderen Bauwerke ebenfalls stellen mußte: Nutzlast, Eigengewicht und Wind. Ja bei ihm, wo von einer Nutzlast nicht gesprochen werden kann, kam diese noch in Wegfall. Für seine Berechnung blieben nur Eigengewicht und Wind übrig. Sehr einfach. In den bescheidenen Grenzen, innerhalb welcher Schornsteine früher erstellt wurden, genügten statische Annahmen, welche nur Eigengewicht und Wind berücksichtigten. Sobald aber höhere Anforderungen aus betriebstechnischen und hygienischen Gründen gestellt wurden, sobald die hieraus resultierenden Ausmaße ins Gigantische gingen und alle früheren Grenzen verlassen waren, wurden neue Erscheinungen beobachtet, welche die Standfestigkeit dieser Bauwerke in Frage stellten. Sie rissen.

Hatte man zwar bald erkannt, daß diese Risse, die einen bestimmten regelmäßigen Verlauf nahmen, aus den hohen Temperaturen der Rauchgase resultierten, so geschah ihnen gegenüber in bezug auf ihren theoretischen Anbau nichts. Man half sich durch einfache eiserne Bindungen, die man nach dem Gefühl konstruierte und ließ alles beim alten. Die vorhandenen Normen, die behördlich festgelegten Bestimmungen und Leitsätze zur Berechnung von Schornsteinbauten blieben nach wie vor eindeutig auf Winddruck und Eigengewicht eingestellt. Der neue Schornstein wurde in Betrieb genommen. Er riß. Er wurde mit starken Bändern gebunden. Das Binden war also eine konstruktive Maßnahme, deren Notwendigkeit überall erkannt wurde, die aber nicht mit dem Bau selbst, sondern erst nach eingetretenem Schaden ausgeführt wurde.

Das alles aber änderte sich, als man sich anschickte, die aus Ziegelmauerwerk erstellten Schornsteine durch solche aus Eisenbeton zu ersetzen. Hier wollte man ein nachträgliches Binden vermeiden, hatte man doch alle Mittel an Hand, die Eiseneinlagen von vornherein so abzumessen, daß sie allen Anforderungen Genüge leisten konnten. Aber es fehlten die Unterlagen, die eingehenden Beobachtungen am Objekt selbst. Wohl eilte auch hier der rein mathematische Anbau voraus, wohl stellte Huber Formeln auf, die brauchbare Werte ergeben mußten, sobald die darin eingeführten Koeffizienten bestimmt waren. Aber diese Koeffizienten, welche das Verhalten des Materials gegenüber den auftretenden Temperaturen zum Gegenstand ihrer Aussage haben müßten, blieben unbestimmt. Die baupolizeilichen Bestimmungen wurden trotz offenkundiger und richtig erkannter großer Lücken nicht abgeändert, sie verlangten nach wie vor nur den Nachweis der Standfestigkeit gegen Wind und Eigengewicht. Trotz besserer Einsicht, trotz gereifter Erkenntnis. Bei der Berechnung der Eisenbetonschornsteine wurden daher Temperaturspannungen nicht weiter berücksichtigt. Sie rissen ebenso wie die gemauerten Kamine, wenn auch ihre Risse infolge vorhandener Eiseneinlagen nicht so bedenklicher Natur waren.

Als nach der Oppauer Explosionskatastrophe mit dem Wiederaufbau des Ammoniakwerkes begonnen wurde, ging man außerordentlich planvoll an die Wiederherstellung der zerstörten Bauwerke. Man hatte sofort erkannt, daß aus diesen Zerstörungen mit einfachen und geringen Mitteln die technische Wissenschaft zahlreiche Lehren ziehen konnte, welche von besonderer Wichtigkeit für Neukonstruktionen sein mußten, wenn nur überall die Gelegenheit wahrgenommen wurde. Allenthalben erfolgte der Wiederaufbau nach diesem Gesichtspunkt. Alle zerstörten Bauwerke wurden vorher auf das sorgfältigste nach Konstruktion und Gleichgewichtsbedingungen studiert, ehe an ihre Wiederherstellung gegangen wurde. Man begnügte sich nicht mit dem einfachen Abbruch und einem Neuaufbau, man suchte zu erhalten, wo und wie es nur ging. Zahlreiche Werte sind durch diesen Vorgang erhalten geblieben, ganz abgesehen von der großen Schnelligkeit, mit welcher hierdurch der Wiederaufbau des zerstörten Werkes vor sich gehen konnte. Das war natürlich nur möglich, daß Ingenieure am Werke waren, welche in gleichem Maße über außerordentlich praktische als auch theoretische Kenntnisse verfügten. Aus diesem Geiste heraus wurde der einzige neu zu erbauende Eisenbetonschornstein von vornherein mit solchen Apparaten und Meßinstrumenten versehen, die sowohl die Größenverhältnisse der auftretenden Winde als auch diejenigen der Innen- und Außentemperaturen notierten. Durch jahrelange sorgfältige Beobachtungen hat Dr. Döring nun aus diesen Aufzeichnungen Werte gewonnen, welche für die Praxis durchaus brauchbar sind. Seine Erkenntnisse dürften wohl geeignet sein, die Berechnungsweise der Schornsteine dahin zu erweitern, daß den erhöhten Anforderungen durch Einführung der Wärmespannungen Rechnung getragen wird.

Das verdienstvolle Werkchen liegt vor mir und ich freue mich, diesem Kinde meines früheren Schülers und langjährigen getreuen Mitarbeiters einige Geleitworte mit auf den Weg geben zu dürfen. Dies erschien mir infolge dieser langjährigen Beziehungen als eine Pflicht, die ich gerne erfülle. Möge diese Arbeit, die unter schwierigen Verhältnissen und unmittelbar im Anschluß an ein großes Unglück, oft unterbrochen durch Invasion und Streik, geboren wurde, in der Fachwelt diejenige Würdigung finden, die sie verdient: Mögen sich aber alle leitenden Techniker hieran ein Beispiel nehmen, wie man auch auf der Baustelle noch wissenschaftlich arbeiten kann, wie man auch hier unter schwierigen Verhältnissen noch mithelfen kann, Licht in manche dunkle Ecke unserer Wissenschaft zu bringen, wenn man nur den Willen dazu hat. Wenn auch nach dieser Richtung die vorliegende Arbeit von Einfluß und Wirkung ist, dann dürfte sie ihre Aufgabe in doppeltem Sinne erfüllt haben.

Ludwigshafen a. Rh., im Januar 1925.

Hermann Goebel.

Vorwort.

Herr Diplom-Ingenieur Goebel hat es in dankenswerter Weise übernommen, in dem Geleitwort, mit dem er meine Arbeit ehrte, die Gründe, welche zur Vornahme der Messungen und Beobachtungen über den Einfluß von Wind und Wärme auf Eisenbetonschornsteine führten, klarzulegen und über den Zweck der vorliegenden Veröffentlichung zu sprechen. Ich möchte demselben nur noch ergänzend hinzufügen, daß die Veröffentlichung keineswegs eine Neueinstellung der bisher bei der Berechnung von Eisenbetonschornsteinen angewendeten Theorie, sondern vielmehr eine kritische Betrachtung der bislang geltenden Berechnungs- bzw. Belastungsgrundlagen darstellen und den Nachweis für deren Unzulänglichkeit führen soll.'

Der Direktion der Badischen Anilin- & Sodafabrik, Ludwigshafen a. Rh., erlaube ich mir, meinen ergebensten Dank für die erteilte Erlaubnis, die Messungs- und Beobachtungsergebnisse veröffentlichen und so der Fachwelt zugänglich machen zu können, zum Ausdruck zu bringen, ebenso wie ich auch Herrn Dipl.-Ing. Goebel, der mir die Durchführung der Messungen und Beobachtungen übertrug, für die mannigfachen Anregungen und die Unterstützung, die er mir bei Durchführung dieser Aufgabe zuteil werden ließ, zu großem Dank verpflichtet bin, den ich ihm auch an dieser Stelle abstatten möchte.

Desgleichen sage ich Herrn Prof. Dr. Probst für die mir bei Abfassung der Arbeit gütigst erteilten Ratschläge und Fingerzeige hiermit ergebenen Dank.

Nicht zuletzt danke ich auch den Herren Dr. Gmelin und Dr. Ernst bestens für die wesentliche Förderung, welche sie den Messungen und Beobachtungen durch Ratschlag und Aufstellung der zur Anwendung gelangten Meßinstrumente angedeihen ließen.

Ludwigshafen a. Rh., im Januar 1925.

Karl Döring.

Inhaltsverzeichnis.

Einleitung.

Der statischen Berechnung von Schornsteinen für Feuerungsanlagen liegen Annahmen zugrunde, die vielfach nur empirischer oder willkürlicher Art sind und sich günstigsten Falles auf Ergebnisse von Laboratoriumsversuchen stützen. Daß diese Annahmen nicht genügen können, da sie die tatsächlichen Verhältnisse nicht treffen, zeigt das über die ganze Oberfläche der in Betrieb befindlichen Schornsteine verteilte Netz von mehr oder weniger starken, fast ausnahmslos in lotrechter und wagrechter Richtung verlaufenden Rissen. In erhöhtem Maße trifft dies bei Eisenbetonschornsteinen zu, deren Mauerwerk bei der in Deutschland üblichen Bauweise, im Vergleich zu den aus Ziegelmauerwerk errichteten Kaminen, aus Betonformsteinen von größeren Abmessungen hergestellt ist. Die horizontalen Risse (Abb. 1) zeigen sich stets in den horizontalen Fugen, als den schwächsten durchgehenden Stellen des Mauerwerkes; die senkrechten Risse (Abb. 2) nehmen jedoch ihren Verlauf nicht nur längs den Stoßfugen, sondern setzen sich durch die Steine selbst fort. Daß es sich bei den auftretenden Rissen keineswegs um Schwindrisse handelt, als welche sie vielfach leichthin angesprochen werden, beweisen gerade die in geradlinigem Verlauf sich in lotrechter Richtung erstreckenden Risse, die oft beträchtliche Stärken und bedeutende Längenausmaße (es wurden Vertikalrisse von mehr als 30 m Länge beobachtet) zeigen.

Die stärkste Rissebildung ist meist nach der Einmündung des Fuchses in der unteren Hälfte des Kamins und an der Mündung festzustellen.

Zur Erforschung der Ursachen der Rißbildung wurden an einem im Betrieb befindlichen Kamin aus Eisenbeton von größten Abmessungen Beobachtungen und Messungen angestellt, die dazu dienen sollen, die tatsächlichen Belastungs- und Wärmeverhältnisse zu beobachten und an Hand der Ergebnisse die seitherigen Annahmen kritisch zu behandeln, sie auf ihre Richtigkeit zu prüfen und zu ergänzen.

Die angeführten Messungen wurden mittels besonderer Meßeinrichtungen zur Bestimmung von Schwankungen und der dabei in Betracht kommenden Windstärken, insbesondere aber zur Ermittlung der Wärmeverteilung im Mauerwerk des Kamins, die als die Hauptursache der Rißbildung erkannt wurde, durchgeführt, wobei die besten zur Zeit bekannten Hilfsmittel Anwendung fanden. Die Messungsergebnisse können daher Anspruch darauf machen, genau zu sein und den tatsächlichen Verhältnissen Rechnung zu tragen.

Das Versuchsobjekt[1]) — im Werk Oppau der Badischen Anilin- und Sodafabrik befindlich und im Jahre 1922 erbaut — ist ein rund 100 m hoher Schornstein aus Eisenbeton, der maximal die Rauchgase von 6 Feuerungen mit je $2 \cdot 10 = 20\ \mathrm{m^2}$ Feuerungsfläche für 6 Dampfkessel von je 600 m² Heizfläche abzuführen hat.

Der Schornstein selbst ist aus Formsteinen (Abb. 3 u. 4) erbaut und besitzt zum Schutze des Eisenbetonmantels ein Futter aus feuerfestem Ziegelmauerwerk.

---

[1]) Der Schaft ist auf dem Fundament des bei der Explosion am 21. 9. 21 eingestürzten Kamin errichtet worden.

Die Formsteine waren mit Aussparungen versehen, welche, nachdem die Steine an
Ort und Stelle versetzt und die Eiseneinlagen eingelegt waren, mit Beton im Mischungs-

Abb. 1.

verhältnis der Steine ausgestampft bzw. ausgegossen wurden. Die vertikale Längs-
armierung besteht dabei aus Flacheisen, die an den Übergreifungsstellen verschraubt
sind, die horizontale Ringbewehrung aus Rundeisen, die sich an den Enden auf eine
längere Strecke überdecken.

Abb. 2.

Nähere Einzelheiten über die Ausbildung
und die Abmessungen des Kamins sowie über
die zur Wind- bzw. Temperaturmessung ausgewählten Stellen sind auf Beilage 1 ersichtlich.
Die Meßvorrichtungen[1]) werden bei den ein-
schlägigen Kapiteln besprochen.

Für die statische Berechnung eines Kamines
kommen in Betracht: 1. Beanspruchung durch
lotrechte Belastung, 2. Beanspruchung durch
Wind, 3. Beanspruchung infolge ungleichmäßiger
Wärmeverteilung über das Mauerwerk.

Im nachfolgenden sollen die Bean-
spruchungsmöglichkeiten getrennt näher be-
handelt werden.

Beanspruchung durch lotrechte Belastung.

Die lotrechten Belastungen setzen sich zusammen aus dem Eigengewicht des Eisenbetonmantels und des Ziegelsteinfutters, sowie der

---

[1]) Die Instrumente für die Temperatur- und
Windstärkemessungen wurden von Dr. Gmelin des
Physikalischen Instituts der B.A.S.F. vorgeschlagen,
von Dr. Ernst angefertigt, zu einer Meßanlage ver-
einigt und aufgestellt. Nach erfolgter Einweisung in
die Bedienung und Handhabung der Meßanlage wurden
die Messungen selbst vorgenommen.

senkrechten Komponente des auf den Schornstein wirkenden Winddruckes. Mit Rücksicht auf den verschwindend kleinen Betrag, den diese Winddruckkomponente gegenüber dem Eigengewicht des Schornsteins ausmacht, kann der Einfluß des Windes für die lotrechte Belastung vernachlässigt werden.

Die Berechnung aus Eigengewicht bedingt keine Schwierigkeit. Da die senkrechte Bewehrung gleichmäßig über den Querschnitt verteilt und symmetrisch zu den Schwer-

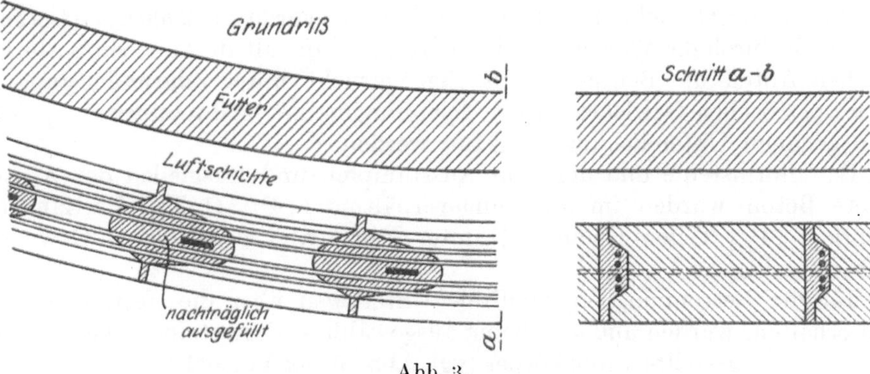

Abb. 3.

punktachsen angeordnet ist, kann die Ermittlung nach den amtlichen Bestimmungen für die Berechnung von Eisenbetonsäulen erfolgen. Unter der Voraussetzung, daß Eiseneinlagen und Beton bei lotrechter axialer Belastung die gleichen Zusammendrückungen erleiden und der Elastizitätsmodul des Eisens n mal so groß ist wie der des Betons, folgen die Spannungen nach der Gleichung

$$\sigma_{b_d} = \frac{P}{F_b + n f_e}$$

wenn P die zentrisch, d. h. in der Achse des Kamins angreifende Auflast, F_b die Querschnittsfläche des Betonringes und f_e der Querschnitt der über F_b gleichmäßig verteilten lotrechten Eisenbewehrung ist.

Nach den amtlichen Bestimmungen ist das spezifische Gewicht für Eisenbeton allgemein mit $\gamma = 2400$ kg/m³ in Rechnung zu stellen. Vorgenommene Prüfungen an den zum Bau des Kamins verwendeten Formsteinen haben ergeben, daß dieser Wert im vorliegenden Fall zu hoch ist und den tatsächlichen Verhältnissen nicht entspricht.

Die ausgestampften bzw. ausgegossenen Formsteine zeigten, wie dies auch durch die bautechnische Versuchsanstalt der Technischen Hochschule in

Abb. 4.

Karlsruhe festgestellt wurde, ein spezifisches Gewicht von im Mittel 2200 kg/m³. Die Eiseneinlagen — horizontal und vertikal — des ganzen Betonmantels haben insgesamt ein Gewicht von rund 18500 kg, so daß bei einem Volumen des Eisenbetonschaftes von 414 m³ sich ein Eigengewicht des Mantels von

$$414 \cdot 2200 + 18500 = 910000 + 18500 = 928500 \text{ kg}$$

berechnet, dem ein spezifisches Gewicht

$$\gamma = \frac{928\,500}{414} = 2250 \text{ kg/m}^3$$

entspricht.

Das spezifische Gewicht des Futtermauerwerks wurde zu 2000 kg/m³ ermittelt, ein Wert, der auch durch die Wärmetechnische Versuchsanstalt in München bestätigt wurde.

Welchen Anteil die Belastung aus Eigengewicht unter Zugrundelegung der vorstehenden spezifischen Gewichte an den Spannungen hat, soll in einer an späterer Stelle folgenden genauen Untersuchung dargetan werden.

Die Betonformsteine und der zum Ausstampfen und Ausgießen der Aussparungen verwendete Beton wurden im Mischungsverhältnis $1 : 4^1/_2$ (1 Teil Portlandzement — Dyckerhoff —: $4^1/_2$ Teilen Rheinkies) unter Hinzugabe von etwa 8 Gewichtsprozent Wasser hergestellt.

Um für die Berechnung einwandfreie Unterlagen über die Festigkeit des Mauerwerks zu erhalten, wurden außer beliebig ausgewählten Formsteinen auch besonders hergestellte Probekörper (vgl. Abb. 5) der Versuchsanstalt der Technischen Hochschule in Karlsruhe zur Prüfung übersandt. Die Probekörper wurden so hergestellt, daß Hohlkörper angefertigt wurden, deren Wandungen dieselben inhaltsgleichen Querschnittsflächen aufwiesen wie die Formsteine, ohne deren Aussparrungen. Dabei zeigte sich, daß die nachträglich ausgefüllten Formsteine die gleichen Festigkeitszahlen ergeben wie die gleichalterigen vergleichshalber hergestellten ausgefüllten Probestücke.

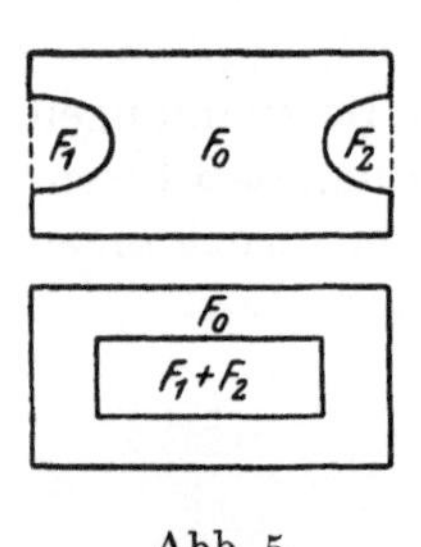

Abb. 5.

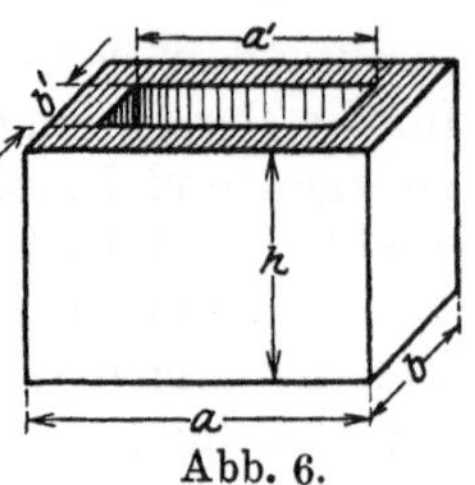

Abb. 6.

Bei der Prüfung wurde gefunden: Die Untersuchung auf Druckelastizität an 3 prismatischen Probekörpern 20/20/40 cm in der Mischung der Betonformsteine zeigten mit einem Alter von 76 Tagen folgende Ergebnisse, die als Mittelwert aus den Einzelwerten der Versuchskörper berechnet sind:

Belastung in kg/cm²	Zusammendrückung in $\frac{1}{1200}$ cm auf 20,0 cm Meßstrecke			Dehnungszahl	Elastizitätsmodul kg/cm²
	gesamt	bleibend	federnd		
10	1,60	0,08	1,52	$6,33 \cdot 10^{-6}$	rd. 158000
20	3,20	0,17	3,03	$6,31 \cdot 10^{-6}$	158000
30	4,85	0,29	4,56	$6,33 \cdot 10^{-6}$	158000
40	6,53	0,38	6,15	$6,42 \cdot 10^{-6}$	156000
50	8,12	0,49	7,63	$6,36 \cdot 10^{-6}$	157000
60	9,75	0,63	9,12	$6,33 \cdot 10^{-6}$	158000
70	11,35	0,83	10,52	$6,26 \cdot 10^{-6}$	160000
80	13,01	1,18	11,83	$6,16 \cdot 10^{-6}$	162000
90	14,72	1,52	13,20	$6,11 \cdot 10^{-6}$	164000
100	16,55	1,92	14,63	$6,10 \cdot 10^{-6}$	164000

Für den Bereich der üblichen Spannungen (bis 40 kg/cm²) ergibt sich eine Dehnungszahl von rund $6,3 \cdot 10^{-6}$ bzw. ein Elastizitätsmodul von rund 160000 kg/cm².

An den zum Vergleich mit den im Verband vermauerten Formsteinen hergestellten prismatischen Betonkörpern mit Kernfüllung, die mit A, B, C bezeichnet werden sollen, wurden keine Druckelastizitätsmessungen vorgenommen; nach Herstellung ebener Druckfläche wurde nur die Druckfestigkeit ermittelt, und zwar für die Druckrichtung ∥ zur Mantellinie, ⊥ zur schraffierten Fläche (vgl. Abb. 6).

Prüfungsergebnis.

Körper	Abmessungen in cm					Herstellungstag		Alter bei der Prüfung	
						Mantel M	Kern K	Mantel	Kern
	a	b	a'	b'	h			Tage	
A	37,6	15,1	24,0	6,0	29,3	26. 5. 22	16. 6. 22	74	53
B	50,0	20,2	29,0	10,0	29,0	20. 5. 22	19. 6. 22	80	50
C	50,0	25,0	29,5	10,5	29,5	29. 5. 22	16. 6. 22	71	53

Körper	Druckfläche in cm²	Druckfestigkeit
A	$37,6 \cdot 15,1 = 567,7$	$\dfrac{153\,600}{567,7} = 270,5 \ \mathrm{kg/cm^2}$
B	$50,0 \cdot 20,2 = 1010,0$	$\dfrac{200\,800}{1010} = 199,0 \ \mathrm{kg/cm^2}$
C	$50,0 \cdot 25,0 = 1250,0$	$\dfrac{240\,600}{1250} = 192,5 \ \mathrm{kg/cm^2}$

Der Einfluß des Windes.

Der Einfluß des Windes auf Schornsteine wurde, da genaue Angaben bzw. Unterlagen fehlen, durch die behördlichen Bestimmungen in den einzelnen Ländern verschieden berücksichtigt und durch mehr oder weniger willkürliche Annahmen für die Berechnung vorgeschrieben. Daß der Einfluß des Windes nicht von der Bedeutung ist, wie ihm allgemein seither zuerkannt wurde, dürfte schon dadurch erwiesen sein, daß bei den schon wiederholt aufgetretenen Stürmen

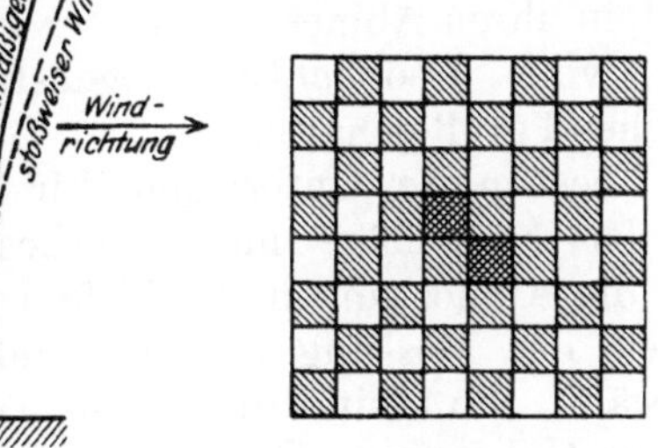

Abb. 7.

Abb. 8.

Kamine aus gleichem Material und unter gleichen Rechnungsgrundlagen sich verschieden verhielten. Die Stürme brachten eine Menge Kamine zum Einsturz, und zwar in der Hauptsache solche, die im Betrieb waren, während von den stehengebliebenen fast alle sich im kalten Zustande befanden. Wäre lediglich der Winddruck von der bestimmungsgemäß nachteiligsten Wirkung gewesen, so hätten sich alle Kamine annähernd gleich verhalten müssen.

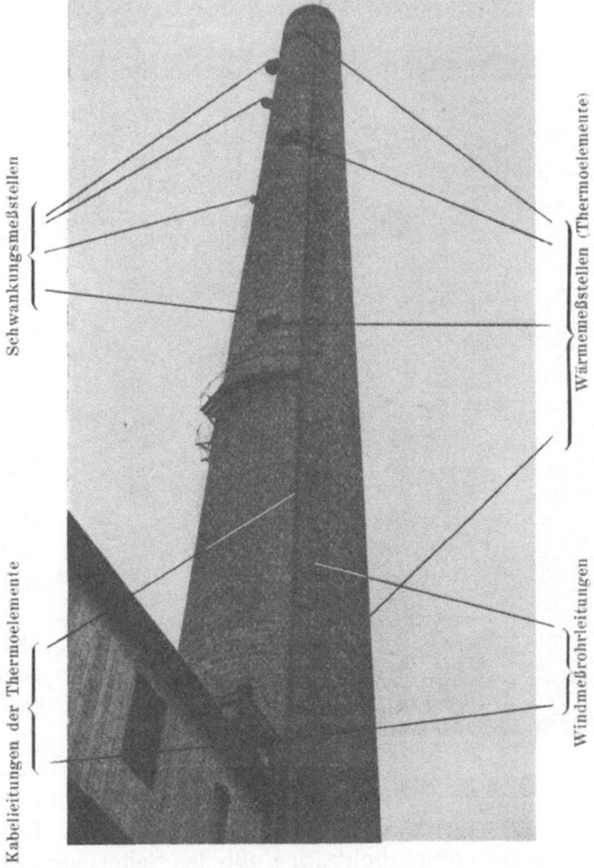

Abb. 9.

Der Winddruck äußert sich in zwei verschiedenen Beanspruchungen, in einer Beanspruchung auf Abscherung und einer auf Biegung. Die Schubbeanspruchung ist aber so unbedeutend, daß sie im Vergleich zu den anderen Beanspruchungen ohne weiteres vernachlässigt werden kann. Durch

die Belastung des Windes erfolgt eine horizontale Abbiegung des Kamins (Abweichung
von der Vertikalen), die je nach der Angriffsweise des Windes eine statische oder eine
dynamische Wirkung zur Folge haben kann.

Die statische Wirkung, der Ausschlag, wird durch den in seiner Stärke und Richtung
gleichbleibenden Wind verursacht; sie ist für die Dauer desselben konstant. Die dynamische Wirkung wird durch den Stärkewechsel des Windes, die
Windstöße, verursacht und äußert sich in Schwingungen.

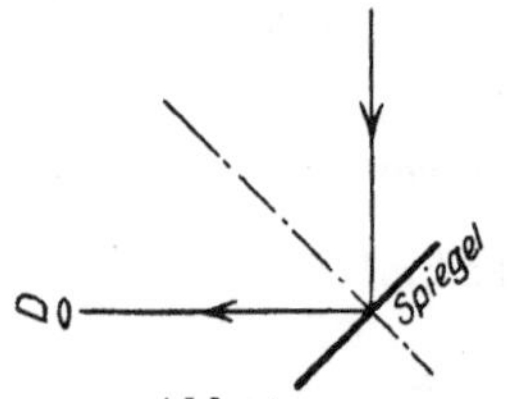

Der Schornstein biegt sich bei Wind nicht ruhig durch, d. h.
er hält dabei nicht eine bestimmte, von der lotrechten Achse abweichende Stellung ein — da ein konstanter Wind nur für kurze
Zeit beobachtet wird —, sondern er bewegt sich analog einem Strohhalm hin und her (Abb. 7).

Abb. 10.

Um Schwankungen und Schwingungen zu messen, für die die
seither in der Literatur bestehenden Angaben absolut unzuverlässig
und sehr voneinander abweichend sind, wurde eine besondere Meßvorrichtung angebracht, welche zur Ermittlung der Bewegungen des Kaminschaftes bestimmt ist.

Im Kaminmantel wurden bei der Aufmauerung des Schaftes in verschiedenen Höhen
Tafeln (vgl. Abb. 8 u. 9) eingemauert, die schachbrettartig, in weiß und gelb gezeichnete,
numerierte Felder von 8 cm Seitenlänge eingeteilt sind; die Felder selbst sind wiederum
durch schwarze und rote Hilfslinien in kleinere Quadrate von 4 bzw. 2 cm Seitenlänge

unterteilt. Die Mitte einer Tafel wurde
dadurch gekennzeichnet, daß sie den gemeinsamen Eckpunkt von 4 Quadraten
bildet, von denen die zwei diagonal gegenüberliegenden rot bzw. gelb gestrichen sind.
Die Tafeln selbst sind horizontal angeordnet und in ihren Abmessungen der Entfernung vom Beobachtungsgegenstand
entsprechend groß gehalten.

Da bestimmte Unterlagen für die
Größe der Ausschläge nicht vorliegen,
wurden die Abmessungen der Tafeln der
Sicherheit der Messung halber ziemlich
groß gewählt. So besitzt die oberste Tafel
in 88,0 m Höhe einen Durchmesser von
1,20 m, während die unterste in 46,0 m
Höhe nur 40/40 cm groß ist. Die Höhenlage der Meßtafeln, die im Grundriß zueinander versetzt angeordnet sind, um
von einem Punkte aus die 4 Tafeln beobachten zu können, ist auf Beilage 1 angegeben. Die Beobachtung der Bewegung
einer Tafel, d. h. ihres Mittelpunktes, die
die gleiche wie die des Schornsteines in der
betreffenden Höhe sein muß — wenn man
von der unbedeutenden Deformation des
Ringquerschnittes durch Wind absieht —

Abb. 11.

wird mittels eines dicht am Fuße des Schornsteines aufgestellten — deshalb nahezu senkrecht zur Bewegung der Meßplatte — Fernrohres mit Fadenkreuz durchgeführt. Dabei
wird der Lichtstrahl zur bequemeren Beobachtung einmal durch einen geschliffenen
Metallspiegel reflektiert (Abb. 10 u. 11). Da die Ruhelage des Kamins durch Einstellung
des Fadenkreuzes auf einen bestimmten Punkt — den Mittelpunkt — der Meßplatte bei
Windstille festgelegt werden kann, so ergibt sich als Ablenkung des Kamins bei Wind

die Entfernung zwischen dem bei Windstille anvisierten Punkt der Platte und dem durch den Fadenkreuzschnittpunkt angegebenen. Das Fernrohr selbst wurde, um unabhängig von den Schwankungen des Kamins zu sein, nicht in Verbindung mit diesem aufgestellt, sondern auf einer starken Eisenbetonsäule, die ihrerseits wieder auf einer größeren armierten Betonplatte, die von der Kaminwandung durch eine Sandschicht getrennt ist, ruht. Um Störungen durch von seitlichem Wind verursachte Vibrationen zu vermeiden, wurde der Beobachtungsstand in einem allseits geschlossenen gemauerten Gebäude (Abb. 15) untergebracht, in dessen Dach über dem Fernrohr eine Öffnung vorgesehen ist.

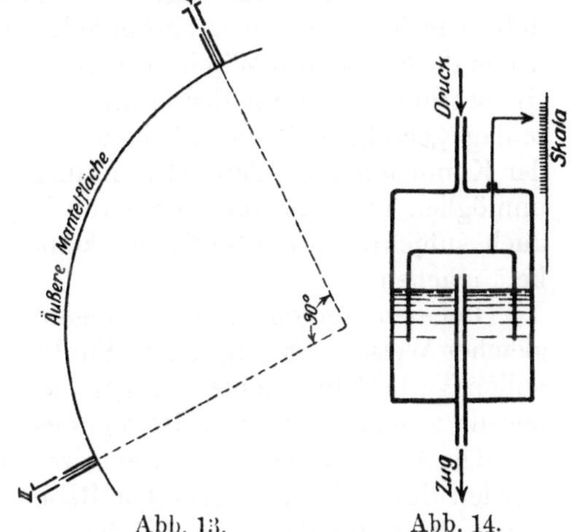

Abb. 12.

Abb. 13.

Abb. 14.

Im untersten Teil des Kamins angeordneter Schutzkasten für die Kabelleitungen der Thermoelemente

Es ist ferner notwendig, daß neben den Ausschlägen der Kaminachse auch die für diese in Betracht kommenden Windstärken bzw. Windgeschwindigkeiten durch registrierende Apparate gemessen werden. Um die Windstärke bei jeder Windrichtung feststellen zu können, wurde die Meßvorrichtung so ausgestaltet, daß in 2 Höhenlagen je 2 senkrecht zueinanderstehende Meßstellen (Abb. 13) vorgesehen wurden. Jede Meßstelle selbst besteht aus 2 rechtwinklig abgekröpften, in einer Richtung liegenden Pitotschen Röhren (Abb. 12), die durch querschnittsgleiche Rohrleitungen unter Vermeidung von scharfen Ecken und Krümmungen an Glockenmanometer (Abb. 14), denen eine besondere Schaltanlage vorgelagert ist, angeschlossen sind.

Die Schaltanlage ermöglicht, daß zur Bestimmung der Windstärke in einer der beiden Höhenlagen, die in Betracht kommenden Meßstellen getrennt an die Glockenmanometer angeschlossen werden können.

Je nach der Windrichtung wird jeweils an einer Meßstelle die Innenluft der einen Rohrleitung zusammengedrückt, während die andere verdünnt wird. Im Glockenmanometer sind nun die beiden Rohrleitungen einer Meßstelle so angeschlossen, daß sich die in ihrem Innern herrschenden Windeinflüsse in ihrer Wirkung auf das Manometer addieren.

Abb. 15.

Die an den Meßstellen I und II gemessenen Winddrücke bilden die Komponenten des tatsächlich herrschenden Winddruckes und ergeben zusammengesetzt Geschwindigkeit und Richtung des jeweils herrschenden Windes.

Aus der Abweichung der Kaminachse und der herrschenden Windgeschwindigkeit kann dann jeweils der auf dem Kamin lagernde Winddruck ermittelt werden.

Die bisherigen Messungen der Kaminschwankungen kranken alle an dem Umstand, daß sie meist mit einem auf größere Entfernung aufgestellten Instrument gemessen wurden, wobei die Stärke des Windes für den Standort des Kamins unbekannt war. Dabei wurde ein bestimmter Punkt der Mündung eingestellt und dessen Verschiebung nach dem Ausschlag „geschätzt" oder höchstens auf den Fuß des Kamins projeziert. Ein Verfolgen der Kaminachse bei den Schwankungen und Schwingungen ist auf diese Art der Messung unmöglich und die dabei erzielten Ergebnisse können, da sie bei bestem Willen doch auch subjektiv beeinflußt sind, keinesfalls Anspruch auf Zuverlässigkeit bzw. Genauigkeit machen.

Bei den vorgenommenen Messungen kann die Bewegung der Kaminachse, die in gleicher Weise auch von jedem Punkt der Meßtafeln beschrieben wird, jederzeit in ihrem vollen Verlauf beobachtet werden, wobei besonders günstig wirkt, daß die Beobachtung jeweils senkrecht zu den Bewegungsbahnen der Punkte der Kaminachse erfolgt.

Die Angaben der bisher nur vereinzelten Messungen über die Schwankungsausschläge werden durch die vorstehenden Beobachtungen in der Hauptsache widerlegt. Cordier gibt z. B. in der Berg- und Hüttenmännischen Zeitung vom Jahre 1880, Seite 62, für die Größe der Schwankung der damals höchsten Schornsteine mit 0,15—0,50 m an; Jahr teilt in seiner Anleitung für Schornsteinbau mit, daß die Bewegung der Kaminmündung auf einer Ellipse erfolge, deren größte Achse senkrecht zu der herrschenden Windrichtung liegt und daß dabei Ausschläge bis zu 2,40 m an einem 150 m hohen Kamin gemessen worden wären.

Was die Größe der tatsächlichen Ausschläge anlangt, so können die diesbezüglichen Messungen an dem 140 m hohen Schornstein in Freiberg i. Sa. erstmals als zutreffend betrachtet werden, die in ihrem Größtwert bei dynamischen Schwingungen mit etwa 10 cm angegeben werden, wobei jedoch auch wieder der Umstand als nachteilig zu betrachten ist, daß die Messung weit ab seitwärts, mittels Theodolith und Projizierung auf den Fuß des Kamins erfolgte.

Bei den vorgenommenen Messungen an dem Versuchsobjekt in Oppau konnte mit Hilfe der angeordneten Meßvorrichtung festgestellt werden, daß der Ausschlag der Kaminachse, solange der Wind in Größe und Richtung konstant ist, gleichbleibt und in der Windrichtung liegt, wie dies auch statisch begründet ist. Ändert sich lediglich die Windstärke und bleibt die Windrichtung konstant, so führt der Schornstein Schwingungen aus, bei denen sich die Kaminachse in einer Ebene bewegt, die in der Windrichtung liegt und durch die lotrechte Kaminachse geht, d. h. jeder Punkt der Kaminachse bewegt sich auf einer Geraden (mit Rücksicht auf die geringen Ausschläge kann die Bewegung der einzelnen Punkte der Kaminachse bei der Höhe des Schornsteines als geradlinig angenommen werden) in der Richtung des Windes hin und her[1].

Da die Windstöße aber nicht immer aus genau der gleichen Richtung kommen, so muß naturgemäß die Bewegung des Kamins dieser geänderten Angriffsrichtung Rechnung tragen, wie dies auch tatsächlich beobachtet wurde. Eine bestimmte geometrische Bahn konnte dabei jedoch nicht festgestellt werden; es wurde lediglich beobachtet, daß bei Windstößen mit wechselnder Richtung die Achse des Kamins einen Körper einhüllt, dessen Querschnitte geometrische Figuren mit stetiger Krümmung (ohne Ecken) darstellen, wobei jedoch stets der größte Durchmesser dieser Figuren angenähert in der Ebene der Windrichtung liegt.

Nachdem die stoßweise Belastung die doppelte Wirkung ausübt als die langsam aufgebrachte Last, so ergibt sich, daß für die Beanspruchung durch Wind eigentlich nur die Schwingungen dynamischer Art, wie sie durch Windstöße verursacht werden, in Be-

---

[1] Eine geringe Abweichung hiervon wurde mitunter dann festgestellt, wenn die Richtung des Windes nicht mit einer Symmetrielinie des Fundamentes zusammenfiel (Nachgiebigkeit des Baugrundes).

tracht kommen. Bei diesen dynamischen Schwingungen ist ferner zu berücksichtigen, daß sich der Ausschlag ganz erheblich steigern kann, wenn die Windstöße in der Zeitfolge der Schwingungen auftreten, weil sich in diesem Fall die elastischen Schwingungsausschläge des Schornsteines zu den dynamischen Ausschlägen durch die Windstöße addieren.

Wie auch im Jahrbuch für Berg- und Hüttenwesen des Königreiches Sachsen vom Jahre 1890 angegeben, ist für die rechnerische Bestimmung dieser Schwingungen in der bautechnischen Literatur keine Angabe zu finden. Bei den Messungen der 140 m hohen Esse in Freiberg wurde aber auch nur auf eine einmalige Windstoßbelastung zurückgegriffen, und deren größter Ausschlag mit 10 cm festgestellt.

Um den Einfluß des Winddruckes bestimmen zu können, ist es notwendig, neben den Festigkeitseigenschaften des Baumaterials auch die den Windstärken zukommenden Kraftwirkungen auf den Kamin zu kennen. Der in die Berechnung einzusetzende Winddruck ist mit Rücksicht auf die verschiedenartig gelagerten klimatischen Verhältnisse in den verschiedenen Ländern verschieden bemessen. In Deutschland wird der Winddruck durch die Bauordnungen festgelegt, wobei der Windstoß und die Saugkraft des Windes auf der Leeseite meist nicht erwähnt werden. Als Angriffsfläche des Windes wird dabei die vertikale Projektion des Kaminteiles angesehen, welcher dem Wind ausgesetzt ist. Dabei wird für verschiedene Querschnittsformen der Schornsteine noch ein besonderer Abflußkoeffizient des Windes angegeben.

Die Akademie des Bauwesens hat am 17. April 1899 festgelegt, daß bei der Berechnung der Standfestigkeit höherer Schornsteine die Saugwirkung des Windes auf der Leeseite nicht zu berücksichtigen, sondern lediglich der Winddruck mit der für gewöhnliche Verhältnisse angegebenen Zahl von 125 kg/m² ebener rechtwinkelig getroffener Fläche in Rechnung zu stellen ist. In den Bestimmungen des Preußischen Ministeriums vom 30. April 1902 werden zwei Winddruckannahmen, 125 und 150 kg/m² angegeben. Die Windstärke von 150 kg pro Quadratmeter soll dabei für die Berechnung der Kantenspannungen gelten, während der Winddruck von 125 kg/m² zur Bestimmung der Lage des Druckmittelpunktes in Anwendung kommen soll.

In Sachsen wird die in Rechnung zu setzende Größe des Winddruckes abhängig gemacht von der Höhe des Schornsteines und mit $w = 115 - 0{,}6\,H$ kg/m² angegeben, wenn H die Höhe des Kamins ist.

Baden schreibt als maßgebenden Winddruck für die Berechnung der Spannungen 150 kg/m² vor, verlangt aber, daß bei der Berechnung der Kippsicherheit ein Winddruck von 250 kg/m² in Rechnung gestellt wird. Das Ministerium ist ferner befugt, bei Kaminen über 65 m Höhe einen höheren Winddruck als 150 kg/m² bei Berechnungen der Spannungen vorzuschreiben.

Österreich schreibt ebenfalls 150 kg/m² vor, macht aber die Einschränkung, daß bei der Bestimmung der Standfestigkeit gegen Umkippen mindestens mit der zweifachen Sicherheit, also mit mindestens 300 kg/m² zu rechnen ist.

Übereinstimmend wird in allen Bauordnungen der Abflußkoeffizient

bei runden Schornsteinen mit 0,67
   „ achteckigen   „   „ 0,71 und
   „ viereckigen   „   „ 1,00

angegeben.

Die Berechnung des Winddruckes unter Zugrundelegung der Windgeschwindigkeit ist im Handbuch des Schornsteinbaues von Prof. Lang im Kapitel Winddruck nach den verschiedenen vorliegenden wissenschaftlichen Arbeiten zusammengestellt.

Saliger gibt im Handbuch für Eisenbetonbau die allgemeine Beziehung

$$w = \psi \cdot \gamma \cdot \frac{v^2}{2g}\ \text{kg/m}^2$$

an, wobei ψ eine Erfahrungszahl ist, die von der Form der getroffenen Fläche abhängt und zwischen 1,97 und 1,86 liegen soll,

$\gamma = 1{,}293$ kg/m³ das spez. Gewicht der Luft und $g = 9{,}81$ m/Sek die Beschleunigung der Schwere bedeutet. Häufig wird mit $w = \dfrac{v^2}{8}$ gerechnet. Es werden indessen auch Beziehungen angegeben, die zwischen

$$w = 0{,}062\,v^2 \text{ bis } 0{,}245\,v^2 \text{ kg/m}^2$$

schwanken. Der Zusammenhang ist also sehr unsicher.

Die größten gemessenen Geschwindigkeiten betrugen auf den Orkneyinseln 43, bei der deutschen Seewarte in Hamburg 42 m/Sek.

Mit Hilfe der vorstehend angegebenen Meßvorrichtungen wurde nun bei verschiedenen Windstärken der statische Ausschlag der Kaminachse gemessen, wobei allerdings angenommen ist, daß die Querschnittsform des Schornsteines unter dem Einfluß des Winddruckes keine wesentliche Zusammendrückung erfährt.

Auf Beilage 2 wurde unter Zugrundelegung einer Belastung von 1 kg/m² der vertikalen Projektionsfläche die Momentenfläche konstruiert und mit Hilfe derselben die Biegelinie der Kaminachse unter Berücksichtigung der Verjüngung des Kamins und der dadurch bedingten stetigen Abnahme der Trägheitsmomente mit zunehmender Höhe auf graphischem Wege ermittelt. Auf die geringe und rechnerisch nicht zu erfassende Versteifung der in einzelne Absätze aufgeteilten Futterschäfte, sowie auf den geringen Einfluß der lotrechten Eiseneinlagen des Kaminmantels ist verzichtet worden. Desgleichen wurde auf den Einfluß der Schubkräfte mit Rücksicht auf ihre verschwindende Größe Verzicht geleistet.

Da die Beanspruchung eines Querschnittes mit dem Biegungsmoment direkt proportional wächst, so kann mit den gegebenen Messungen auf Grund der konstruierten Biegelinie und Momentenfläche direkt das fragliche Biegungsmoment ermittelt und daraus die Beanspruchung des Materiales berechnet werden.

Für Eisenbeton wird allgemein mit einem Elastizitätskoeffizienten $E = 200\,000$ kg/cm² gerechnet. Zieht man in Betracht, daß die lotrechte Bewehrung des Versuchsobjektes eine sehr geringe ist, und daß trotz des geringen Alters des Kaminschaftes bereits doch schon eine geringe Rissebildung zu verzeichnen ist, so erscheint es angezeigt, unter Außerachtlassung der Bewehrung und Rissebildung mit einem Elastizitätsmodul, wie ihn das Betonmaterial der Formsteine allein aufweist, nämlich mit $E = 160\,000$ kg/cm² zu rechnen.

Die Trägheitsmomente der auf Beilage 2 angegebenen ringförmigen Querschnitte folgen unter Vernachlässigung der Eiseneinlagen als Differenz der Trägheitsmomente der sie begrenzenden Kreise.

$$
\begin{aligned}
J_1 &= \frac{1}{64} \cdot 3{,}14\,(5{,}05^4 - 4{,}75^4) = 0{,}049\,062\,(650{,}7 - 509{,}5)\\
&= 0{,}049\,062 \cdot 141{,}2 = 6{,}927 \text{ m}^4
\end{aligned}
$$

$J_2 =$ äußerer Durchmesser $d' = 5{,}05 \ + 15 \cdot 0{,}0155 = 5{,}283$ m
       innerer Durchmesser $d'' = 5{,}283 - 0{,}3 \qquad = 4{,}983$ m

$J_2 = 0{,}049\,062\,(5{,}283^4 - 4{,}983^4) = 7{,}954$ m⁴

$J_3:$ $d' = 5{,}05 \ + 30 \cdot 0{,}0155 = 5{,}515$ m
      $d'' = 5{,}515 - 0{,}3 = 5{,}212$ m
      $J_3 = 0{,}049\,062\,(5{,}515^4 - 5{,}215^4) \qquad = 9{,}101$ m⁴

$J_4:$ $d' = 5{,}05 + 40 \cdot 0{,}0155 = 5{,}67$ m
      $d'' = 5{,}67 - 0{,}30 = 5{,}37$ m
      $J_4 = 0{,}049\,062 \cdot (5{,}67^4 - 5{,}37^4) \qquad = 9{,}907$ m⁴

$J_5:$ $d' = 5{,}05 \ + 50 \cdot 0{,}0155 = 5{,}825$ m
      $d'' = 5{,}825 - 0{,}30 = 5{,}525$ m
      $J_5 = 0{,}049\,062\,(5{,}825^4 - 5{,}525^4) \qquad = 10{,}769$ m⁴

$J_6:$ $d' = 5{,}05 + 60 \cdot 0{,}0155 = 5{,}98$ m
      $d'' = 5{,}98 - 0{,}30 = 5{,}68$ m
      $J_6 = 0{,}049\,062\,(5{,}98^4 - 5{,}68^4) \qquad = 11{,}672$ m⁴

$J_7:$ $d' = 5{,}05 \ + 70 \cdot 0{,}0155 = 6{,}135$ m
      $d'' = 6{,}135 - 0{,}30 = 5{,}835$ m
      $J_7 = 0{,}049\,062\,(6{,}135^4 - 5{,}835^4) \qquad = 12{,}638$ m⁴

$$J_8: \quad d' = 5,05 + 80 \cdot 0,0155 = 6,29 \ \text{m}$$
$$d'' = 6,29 - 0,30 = 5,99 \ \text{m}$$
$$J_8 = 0,049062 \, (6,29^4 - 5,99^4) = 13,68 \ \text{m}^4$$

$$J_9: \quad d' = 5,05 + 90 \cdot 0,0155 = 6,445 \ \text{m}$$
$$d'' = 6,445 - 0,30 = 6,145 \ \text{m}$$
$$J_9 = 0,049062 \, (6,445^4 - 6,145^4) = 14,694 \ \text{m}^4$$

$$J_{10}: \quad d' = 5,05 + 100 \cdot 0,0155 = 6,60 \ \text{m}$$
$$d'' = 6,60 - 0,30 = 6,30 \ \text{m}$$
$$J_{10} = 0,049062 \, (6,60^4 - 6,30^4) = 15,803 \ \text{m}^4$$

$$J_{11}: \quad d' = 5,05 + 110 \cdot 0,0155 = 6,75 \ \text{m}$$
$$d'' = 6,75 - 0,30 = 6,45 \ \text{m}$$
$$J_{11} = 0,049062 \, (6,75^4 - 6,45^4) = 16,927 \ \text{m}^4$$

$$J_{12}: \quad d' = 6,75 \ \text{m}$$
$$d'' = 6,75 - 0,36 = 6,39 \ \text{m}$$
$$J_{12} = 0,049062 \, (6,75^4 - 6,39^4) = 20,052 \ \text{m}^4$$

$$J_{13}: \quad d' = 5,05 + 120 \cdot 0,0155 = 6,91 \ \text{m}$$
$$d'' = 6,91 - 0,36 = 6,55 \ \text{m}$$
$$J_{13} = 0,049062 \, (6,91^4 - 6,55^4) = 21,558 \ \text{m}^4$$

$$J_{14}: \quad d' = 5,05 + 130 \cdot 0,0155 = 7,065 \ \text{m}$$
$$d'' = 7,065 - 0,36 = 6,705 \ \text{m}$$
$$J_{14} = 0,049062 \, (7,065^4 - 6,705^4) = 23,074 \ \text{m}^4$$

$$J_{15}: \quad d' = 7,065 \ \text{m}$$
$$d'' = 7,065 - 0,40 = 6,665 \ \text{m}$$
$$J_{15} = 0,049062 \, (7,065^4 - 6,665^4) = 25,419 \ \text{m}^4$$

$$J_{16}: \quad d' = 5,05 + 140 \cdot 0,0155 = 7,22 \ \text{m}$$
$$d'' = 7,22 - 0,40 = 6,82 \ \text{m}$$
$$J_{16} = 0,049062 \, (7,22^4 - 6,82^4) = 27,186 \ \text{m}^4$$

$$J_{17}: \quad d' = 5,05 + 150 \cdot 0,0155 = 7,375 \ \text{m}$$
$$d'' = 7,375 - 0,40 = 6,975 \ \text{m}$$
$$J_{17} = 0,049062 \, (7,375^4 - 6,975^4) = 29,02 \ \text{m}^4$$

$$J_{18}: \quad d' = 7,375 \ \text{m}$$
$$d'' = 7,375 - 0,50 = 6,875 \ \text{m}$$
$$J_{18} = 0,049062 \, (7,375^4 - 6,875^4) = 35,522 \ \text{m}^4$$

$$J_{19}: \quad d' = 5,05 + 162 \cdot 0,0155 = 7,56 \ \text{m}$$
$$d'' = 7,56 - 0,50 = 7,06 \ \text{m}$$
$$J_{19} = 0,049062 \, (7,56^4 - 7,06^4) = 38,382 \ \text{m}^4$$

$$J_{20}: \quad d' = 5,05 + 175 \cdot 0,0155 = 7,747 \ \text{m}$$
$$d'' = 7,747 - 0,50 = 7,247 \ \text{m}$$
$$J_{20} = 0,049062 \, (7,747^4 - 7,247^4) = 41,390 \ \text{m}^4$$

$$J_{21}: \quad d' = 7,747 \ \text{m}$$
$$d'' = 7,747 - 0,60 = 7,147 \ \text{m}$$
$$J_{21} = 0,049062 \, (7,747^4 - 7,147^4) = 48,714 \ \text{m}^4$$

$$J_{22}: \quad d' = 5,05 + 188 \cdot 0,0155 = 7,964 \ \text{m}$$
$$d'' = 7,964 - 0,60 = 7,364 \ \text{m}$$
$$J_{22} = 0,049062 \, (7,964^4 - 7,364^4) = 53,086 \ \text{m}^4$$

$$J_{23}: \quad d' = 8,064 \ \text{m}$$
$$d'' = 7,364 \ \text{m}$$
$$J_{23} = 0,049062 \, (8,064^4 - 7,364^4) = 63,193 \ \text{m}^4$$

$$J_{24}: \quad d' = 8,250 \ \text{m}$$
$$d'' = 8,25 - 0,70 = 7,550 \ \text{m}$$
$$J_{24} = 0,049062 \, (8,25^4 - 7,55^4) = 67,850 \ \text{m}^4$$

Unter Berücksichtigung der vorstehenden Trägheitsmomente muß zur Ermittlung der Biegelinie jeweils der Quotient aus dem Trägheitsmoment eines beliebig gewählten Querschnittes des Kaminschaftes mit den Trägheitsmomenten der anderen Schaftquerschnitte gebildet werden. Für die weitere Durchführung seien sämtliche Trägheitsmomente in Beziehung zu dem Trägheitsmoment des Einspannquerschnittes des Schaftes (Fundamentoberkante) gebracht, so daß folgt:

$$\frac{J_{24}}{J_1} = \frac{67,85}{6,927} = 9,8 \qquad \frac{J_{24}}{J_3} = \frac{67,85}{9,109} = 7,46 \qquad \frac{J_{24}}{J_5} = \frac{67,85}{10,769} = 6,30$$

$$\frac{J_{24}}{J_2} = \frac{67,85}{7,954} = 8,53 \qquad \frac{J_{24}}{J_4} = \frac{67,85}{9,907} = 6,85 \qquad \frac{J_{24}}{J_6} = \frac{67,85}{11,672} = 5,82$$

$$\frac{J_{24}}{J_7} = \frac{67,85}{12,638} = 5,37 \qquad \frac{J_{24}}{J_{13}} = \frac{67,85}{21,558} = 3,15 \qquad \frac{J_{24}}{J_{19}} = \frac{67,85}{38,382} = 1,765$$

$$\frac{J_{24}}{J_8} = \frac{67,85}{13,68} = 4,96 \qquad \frac{J_{24}}{J_{14}} = \frac{67,85}{23,074} = 2,94 \qquad \frac{J_{24}}{J_{20}} = \frac{67,85}{41,39} = 1,64$$

$$\frac{J_{24}}{J_9} = \frac{67,85}{14,694} = 4,62 \qquad \frac{J_{24}}{J_{15}} = \frac{67,85}{25,419} = 2,67 \qquad \frac{J_{24}}{J_{21}} = \frac{67,85}{48,714} = 1,39$$

$$\frac{J_{24}}{J_{10}} = \frac{67,85}{15,803} = 4,29 \qquad \frac{J_{24}}{J_{16}} = \frac{67,85}{27,186} = 2,50 \qquad \frac{J_{24}}{J_{22}} = \frac{67,85}{53,086} = 1,28$$

$$\frac{J_{24}}{J_{11}} = \frac{67,85}{16,927} = 4,02 \qquad \frac{J_{24}}{J_{17}} = \frac{67,85}{29,02} = 2,34 \qquad \frac{J_{24}}{J_{23}} = \frac{67,85}{63,193} = 1,07$$

$$\frac{J_{24}}{J_{12}} = \frac{67,85}{20,052} = 3,38 \qquad \frac{J_{24}}{J_{18}} = \frac{67,85}{35,522} = 1,91$$

Um die Biegelinie konstruieren zu können, ist es erforderlich, die Ordinaten der Biegungsmomentenfläche für den Winddruck von 1 kg/m² mit vorstehenden Koeffizienten $\mu = \dfrac{J_{24}}{J}$ zu multiplizieren und den Inhalt der damit erhaltenen Momentenfläche als Belastung für eine zweite Seillinie einzusetzen, für die der Horizontalzug aber nicht mehr beliebig angenommen werden kann, sondern von dem Horizontalzug des ersten Seilecks, dem Elastizitätsmodul des Materials und dem Trägheitsmoment J_{24} abhängig ist. Es ist hierfür

$$H_2 = \frac{E \cdot J_{24}}{H_1}.$$

Um die Druckfestigkeit und die Elastizitätsziffer des Betons der Formsteine zu erhalten, wurden, wie schon erwähnt, durch die Materialversuchsanstalt der Technischen Hochschule in Karlsruhe an einzelnen willkürlich ausgesuchten Exemplaren der Formsteine diesbezügliche Prüfungen und Versuche angestellt. Zum Vergleich damit wurden Hohlsteine hergestellt, deren Hohlräume zu den nachträglich ausgestampften Hohlsteinen denselben prozentualen Raumanteil, wie die Aussparungen der Formsteine zu den ausgegossenen Formsteinen hatten. Die Hohlräume der Formsteine und der Versuchskörper waren nachträglich mit Beton von der Mischung der Steine selbst ausgestampft. Bei der Prüfung der Probekörper zeigte sich, daß die Festigkeit für beide Arten als gleich angenommen werden kann. Es ergab sich als Elastizitätsmodul als Mittel der an sich wenig voneinander abweichenden Werte der einzelnen Körper $E = 160\,000\,\text{kg/cm}^2$, ein Koeffizient, der auch für Betonprismen 20/20/40 cm, einheitlich in der Mischung $1 : 4\frac{1}{2}$ wie die Formsteine selbst hergestellt, gefunden wurde. Diese Zahlen beweisen, daß es tatsächlich gelingt, mit nachträglich ausgestampften Hohlsteinen ein Mauerwerk herzustellen, das an Druckfestigkeit nicht hinter einem aus Vollsteinen errichteten zurücksteht.

Für diesen Elastizitätsmodul $E = 160\,000$ kg/cm² und den Horizontalzug des ersten Seileckes $H_1 = 333,33$ kg folgt demnach

$$H_2 = \frac{160\,000 \text{ kg/cm}^2 \cdot 6\,785\,000\,000 \text{ cm}^4}{333,33 \text{ kg}} = 3\,260\,000\,000\,000 \text{ cm}^2.$$

Beim Ausmessen der Belastungsflächen des zweiten Seilpolygons ist zu beachten, daß die Höhe des Schornsteines im Maßstab 1:500 aufgetragen ist. Hiernach bedeutet 1 mm² der Momentenfläche in der Zeichnung in Wirklichkeit das $500 \cdot 500 = 250\,000$fache oder 1 mm² = 2500 cm². Eine zweckmäßige Größe des zweiten Kräfteplanes erhielte man bei der Wahl des Maßstabes 1 mm = 500\,000 cm². Dafür würde allerdings

$$H_2 = 3\,260\,000\,000\,000 : 500\,000 = 6\,520\,000 \text{ mm},$$

ein Maß, das praktisch nicht zu verwenden ist, obschon man mit diesem H_2 die elastische Linie im Maßstab 1:500, also im Maßstab der Zeichnung erhalten würde. Da aber die Ordinaten der elastischen Linie bei der gegebenen Belastung nur wenig von der Achse des Kamins abweichen, erscheint es im Interesse der Genauigkeit der Zeichnung angebracht, die elastische Linie verzerrt zu konstruieren, die Ordinaten größer als dem Hauptmaßstab entsprechend zu erhalten. Würde man die Verzerrung so stark machen, daß die tatsächlichen Ordinaten aus der Zeichnung direkt abgegriffen werden könnten, dann müßte $H_2 = \dfrac{1}{500}\, 6\,520\,000 = 13\,050$ mm gewählt werden. Da aber auch dieser Wert für die Zeichnung nicht angängig ist, soll die Verzerrung noch um das Hundertfache gesteigert werden, was dadurch erhalten wird, daß für $H_2 = 13\,050:100 = 130,5$ mm der Seilzug, als einhüllender Tangentenzug der elastischen Linie, gezeichnet wird. Die Ordinaten derselben in der Zeichnung auf Tafel 2 geben also für die Belastung von 1 kg/m² die Abweichung der Kaminachse von der Lotrechten im hundertfachen Betrage an; man erhält also für die vorgenannte Belastung als Abweichung der Achse in Höhe der Mündung einen Ausschlag 133 mm : 100 = 1,33 mm.

Auf den Einfluß der unbedeutenden Schubkräfte wurde bei Ermittelung der Biegelinie mit Rücksicht darauf, daß es sich um einen schlanken Körper mit nur geringer horizontaler Belastung handelt, Verzicht geleistet.

Die Beanspruchungen des Materials aus dem horizontalen Winddruck können nun ohne weiteres so ermittelt werden, daß man auf Grund der gemessenen Ausschläge und der gemessenen Windstärke das in Frage kommende Biegungsmoment und hieraus die bei der gemessenen Windstärke herrschende horizontale Belastung des Kaminmantels ermittelt. Das Biegungsmoment läßt sich an Hand der ersten Momentenfläche auf Beilage 2 unter Berücksichtigung des gemessenen Ausschlages sofort angeben, und nach Kenntnis desselben kann ohne weiteres die Belastung bzw. der Winddruck berechnet werden. Dabei kann gleichzeitig ein Vergleich mit dem bisher angegebenen Abflußkoeffizienten für zylindrische Flächen an Hand der erzielten Ergebnisse gezogen werden.

Wie bereits früher erwähnt, bildet nicht der in seiner Größe und Richtung konstant bleibende Winddruck an sich die größte Belastung, sondern vielmehr die in ihrer Stärke wechselnden Windstöße. Hat die Kaminachse unter dem Einfluß eines konstanten Winddruckes eine bestimmte Ruhelage eingenommen, so werden auftretende Windstöße ein Schwingen der Kaminachse um diese Ruhelage hervorrufen, das hinsichtlich der Ausschläge abhängig ist von der Größe der Windstöße und der Masse des Kamines samt Futter, wie dies auf Grund der gemachten Beobachtungen und Messungen auch bestätigt worden ist. Es erscheint aber nicht angängig zu behaupten, wie dies im Jahrbuch für Berg und Hüttenwesen bei der Behandlung der Freiberger Esse geschah, daß die stoßweise Belastung den doppelten Ausschlag eines ruhig wirkenden Windes verursache. Die unregelmäßig auftretenden Windstöße können, wenn mehrere Windstöße nacheinander in der Zeitfolge der Kaminschwingungen auftreten, eine Vergrößerung des Ausschlages um mehr als das Doppelte der Abweichung bei ruhigem Wind zur Folge haben, während für den Fall, daß die Zeitfolge der Windstöße von der Schwingungsdauer des Kamins abweicht, ein Ausschlag erzielt wird, der geringer ist als die doppelte Abweichung bei ruhig konstantem Wind, weil eben in diesem Fall die Windstöße nicht verstärkend auf die Schwingungen einwirken, sondern bremsend.

Schwingungsausschlag ist dabei der Weg, den die Kaminachse in Höhe der Mündung in einer Richtung zurücklegt.

Unter Schwingungsdauer versteht man die Zeit, welche bei einem Hin- und Hergang der Kaminachse verstreicht. Sie ist unabhängig von der Windstärke, und konnte bei dem Versuchsobjekt zufolge wiederholter Beobachtungen als Mittel von je 20 aufeinanderfolgenden Spannungen mit $T = 2,4$ Sek. gemessen werden.

Während bei der statischen Abbiegung nur die Größe des Winddruckes und die Widerstandskraft des Eisenbetonmantels in Betracht kommt, ist bei der dynamischen Wirkung des Winddruckes die Masse des Kaminschaftes, Mantel und Futter, ausschlaggebend.

Bei der Durchführung der Beobachtungen hat sich ergeben, daß für die Messung der Ausbiegungen der Kaminachse unter dem Einfluß des Windes wegen der an sich kleinen Bewegungen nur die beiden oberen Meßtafeln in Betracht kamen.

Ein Grund, warum die unteren Tafeln wenig zu Messungen verwendbar waren, ist weiter in dem Auftreten von Luftschlieren zu suchen, die ein scharfes Einstellen in der Ruhelage, bei Windstille, sehr erschweren. Die am Kaminmantel sich erwärmende Außenluft steigt in nächster Höhe des Kamins hoch und bedingt ein Flimmern der Teilung der Meßscheiben. Dieser Nachteil war bei den oberen beiden Tafeln nicht zu verzeichnen, da diese infolge ihrer Größe über die Zone der Schlierenbildung herausragten. Es kamen also für die Messungen tatsächlich nur die Tafeln in 87,90 und 77,50 m Höhe in Betracht, denn um einwandfreie Ablesungen der Abbiegungen machen zu können, war es nötig, genau auf die Ruhelage des Kamins einstellen zu können. Und von diesen beiden Meßtafeln erwies sich mit Rücksicht auf die deutliche Sichtbarkeit der gewählten Unterteilung die Tafel in 77,50 m Höhe als die zweckmäßigere. Alle nachstehend angegebenen Messungen wurden deshalb mit Hilfe dieser Tafel durchgeführt und die Bewegung der Kaminkrone durch Berechnung auf Grund der auf Beilage 2 ermittelten Biegelinie ermittelt.

Datum	Windrichtung	Windgeschwindigkeit $v = $ m/Sek.	Abbiegung in 77,5 m Höhe in cm		Abbiegung in Höhe der Kaminkrone in cm		Winddruck kg/m² vertikaler Projektionsfläche		v^2	η
			stat.	dyn.	stat.	dyn.	stat.	dyn.		
28. 12. 22.	S. W. S.	6,5	0,80	—	1,095	—	8,25	—	41,3	0,20
28. 12. 22.	S. W. S.	9,0	1,50	—	2,050	—	15,50	—	81,0	0,19
28. 12. 22.	S. W. S.	11,0	—	5,0	—	6,85	—	51,50	121,0	—
31. 1. 23.	S. W.	12,7	2,40	4,0	3,290	5,50	24,80	41,50	162,0	0,154
15. 1. 23.	S. W.	13,0	2,60	—	3,560	—	26,80	—	169,0	0,160
29. 12. 22.	S.	14,5	3,50	4,0	4,800	5,50	36,10	41,50	210,0	0,171
29. 12. 22.	S.	14,7	3,50	—	4,800	—	36,10	—	216,0	0,167

Aus der Tatsache, daß die auf Beilage 2 ermittelte Abweichung der Kaminkrone mit 0,133 cm unter einer Belastung von 1,0 kg/m² vertikaler Projektionsfläche folgt, errechnen sich die den einzelnen Windgeschwindigkeiten zukommenden, vorstehend angegebenen Winddrücke pro Quadratmeter vertikaler Projektionsfläche des Kamins.

Da der Winddruck allgemein von dem Quadrat der Windgeschwindigkeit abhängig gemacht wird, berechnet sich unter Berücksichtigung dieser Winddrücke ein Reduktionskoeffizient, soweit die rein statischen Abbiegungen betrachtet werden, aus der Gleichung

$$w = \eta \cdot v^2 .$$

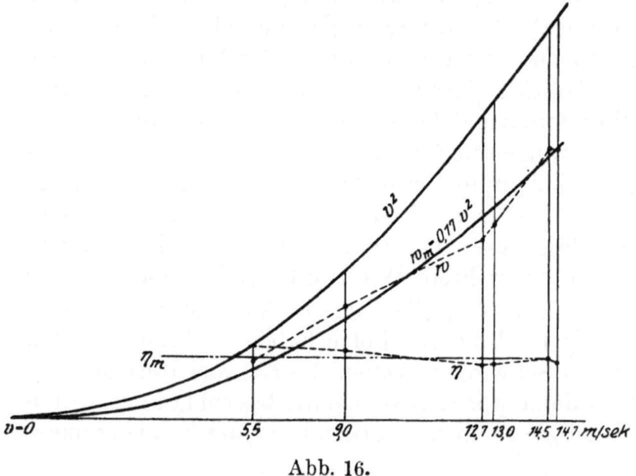

Abb. 16.

Da die für die einzelnen Windstärken gemachten Ablesungen alle mit der gleichen Genauigkeit gemacht sind und die trotz der peinlichen Ablesung des Messungen anhaftenden Fehler als gleichwertig angesehen werden können, so kann als tatsächlicher Wert für η das arithmetische Mittel, nämlich

$$\frac{1}{6}\,(0{,}20 + 0{,}19 + 0{,}154 + 0{,}16 + 0{,}171 + 0{,}167) = 0{,}17$$

gesetzt werden (Abb. 16).

Dabei sei bemerkt, daß die zur Ermittelung der Windgeschwindigkeit in den zwei verschiedenen Höhenlagen angebrachten Meßanlagen nahezu die gleiche Geschwindigkeit zeigten, was wohl damit zu erklären ist, daß die dem Kamine vorgelagerten niedrigen Gebäude eine Einengung des Profils und dadurch eine Zunahme der Windgeschwindigkeit in den unteren Schichten bedingen, daß im vorliegenden Fall praktisch also mit über die ganze Höhe gleichmäßig starkem Wind gerechnet werden kann[1]).

Wie die graphische Darstellung zeigt, wächst der Winddruck mit dem Quadrat der Windgeschwindigkeit, wie das auch in den gebräuchlichen Winddruckformeln zum Ausdruck kommt. Die Größe des Winddruckes ergibt sich aber im Gegensatz zu den bisherigen Vorschriften als wesentlich größer. In der Formel $W = \alpha \cdot k \cdot v^2$ schwankt α nach den Angaben von Lang zwischen 0,09 und 0,12 und k, der Abflußkoeffizient für zylindrische Flächen — als welche der sich nur wenig verjüngende Kaminanteil mit hinreichender Genauigkeit angenommen werden kann — zwischen 0,65 und 0,70. Das Produkt $\alpha \cdot k = \eta$ variiert also zwischen 0,059 und 0,084, der Winddruck also $W = 0,059$ bis $0,084\,v^2$.

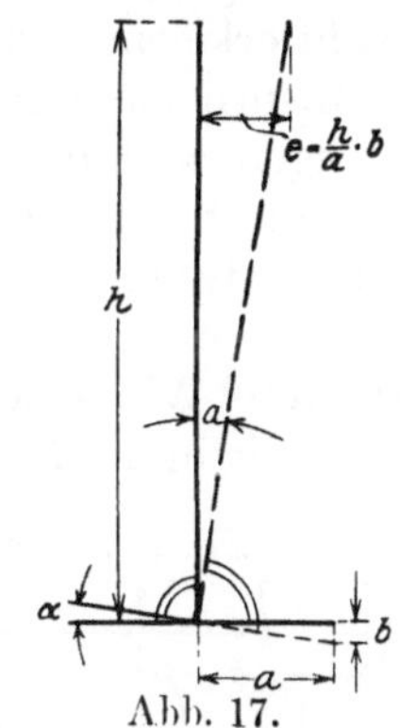
Abb. 17.

Wie sich aus den Messungen ergibt, wäre das Produkt $\eta = \alpha \cdot k = 0,17$ zu setzen. Nun ist aber zu berücksichtigen, daß in den gemessenen Ausschlägen des Kamins auch die Ausschläge infolge Schiefstellung des Fundamentes durch ungleichmäßige Beanspruchung und daraus folgender ungleichmäßiger Zusammendrückung des Baugrundes mit enthalten sind. Die Betrachtung, daß an sich geringe einseitige Senkungen des Fundamentes bei der großen Höhe des Versuchsobjektes doch beträchtliche Ausschläge in Höhe der Krone zur Folge haben können, bot Anlaß dazu, die Neigung der Fundamentsohle bei Windbelastung infolge erhöhter Zusammenpressung der stärker beanspruchten Teile des belasteten Baugrundes festzustellen und die dieser

Neigung zukommenden Ausschläge $e = \dfrac{h}{a} \cdot b$ zu ermitteln

(Abb. 17). Die tatsächlich durch die Windbelastung auftretende Abbiegung der Kaminachse in Höhe der Mündung kann dann als Differenz zwischen den gemessenen Gesamtausschlägen und den Ausschlägen e, die allein von der Verdrehung des Fundamentes herrühren, ermittelt werden.

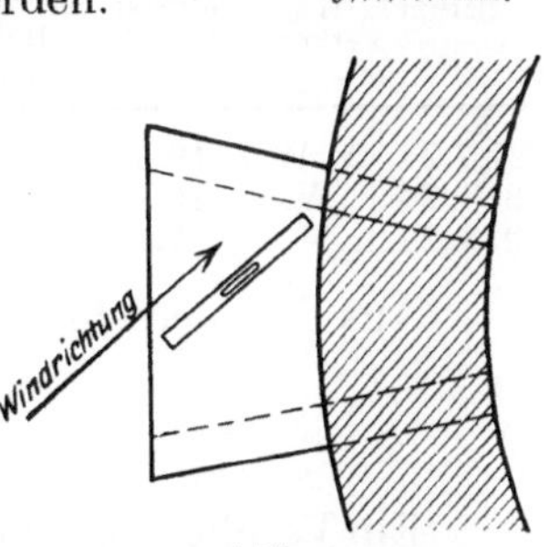

Abb. 18.

Zu diesem Zwecke wurde in der Nähe des Fundamentes[2]) in Terrainhöhe in fester Verbindung mit dem Kaminschaft eine sehr empfindliche Röhrenlibelle (Abb. 18) aufgestellt und diese bei Windstille in der Richtung des zu erwartenden Windes zum Einspielen gebracht. Die bei Windbelastung sich zeigenden Ausschläge der Libellenblase lassen dann die Neigung der betrachteten Querschnittsebene des Schaftes gegenüber der Ruhelage des Kamines erkennen. Dabei ist aber zu beachten, daß die Angabe der Libelle neben der Neigung des Fundamentes noch die der betrachteten Querschnittsebene infolge Biegung des Schaftes mit enthält. Letztere läßt sich aber für die betrachtete Stelle des Schaftes an Hand der Biegelinie (vgl. Beilage 2) ohne weiteres bestimmen, so daß nach Abzug derselben die Neigung der Fundamentsohle ermittelt und dadurch auf die durch Schiefstellung des Fundamentes bedingten Ausschläge des Schaftes geschlossen werden kann.

Die Differenz zwischen dem mit dem Fernrohr beobachteten Gesamtausschlag und dem Ausschlag, der aus der Neigung der Fundamentsohle bestimmt wurde, ergibt dann den elastischen Ausschlag des Schaftes, der bei Wind von der jeweils gemessenen Windstärke entsteht.

---

[1]) Im freien Gelände ist die Windgeschwindigkeit in der Nähe des Bodens infolge der Reibung des Windes an der Erdoberfläche geringer als in den höher gelegenen Schichten.

[2]) Um größere Grabarbeiten zu vermeiden, wurden die Messungen nicht am Fundament selbst, sondern unmittelbar über Terrain vorgenommen.

Bei der Durchführung der Messungen hat sich auch erwiesen, daß der Kamin nach stärkeren Winden nicht immer vollkommen in seine ursprüngliche Ruhelage zurückkehrt. Der Baugrund erfährt bei starken Winden anscheinend auf der Leeseite infolge seiner geringen Elastizität neben elastischen auch unbedeutende bleibende Zusammenpressungen, die nach Aufhören der Windbelastung nicht zurückgehen. Es ist deshalb wohl erklärlich, daß Kamine, die in der Hauptsache nur in einer Richtung durch Wind beansprucht werden, durch diese bleibenden und sich mit der Zeit vergrößernden einseitigen Senkungen in eine dauernde Schiefstellung, die naturgemäß mit den Senkungen zunimmt, geraten können. Bei Kaminen, die in jeder Richtung den Angriffen des Windes ausgesetzt sind, ist das weniger zu befürchten, da hier die in ihrer Richtung wechselnden Winde eventuell bleibende einseitige Senkungen durch frühere, entgegengesetzt gerichtete Winde aufheben werden.

Die in bezug auf die Bewegungen des Fundamentes angestellten Messungen sind nachstehend zusammengefaßt. Zur Erläuterung der Auswertung der Ergebnisse der Messungen diene nebenstehende Abb. 19; es bezeichnet dabei:

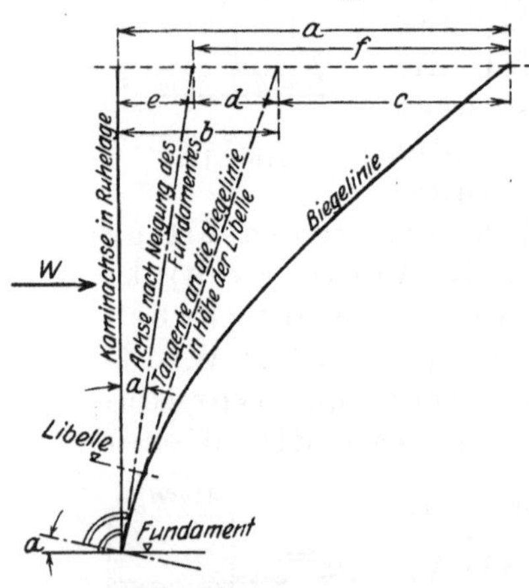

Abb. 19.

a den gemessenen Gesamtausschlag des Kamines in Höhe der Mündung;

b den Ausschlag der Mündung des Kamines infolge Schiefstellung des Fundamentes einschließlich dem Ausschlag d, der auf die Krümmung des Schaftes am Standort der Libelle zurückzuführen ist und nach Beilage 2 etwa 18,5 % des Wertes für $c = a - b$ beträgt;

$f = c + d$ den elastischen Ausschlag des Kamines in Höhe der Mündung infolge Biegung des Schaftes unter dem Einfluß des Windes;

e den Ausschlag infolge Verdrehung des Fundamentes.

Datum	Wind- rich- tung	Wind- geschwin- digkeit m/Sek. v	Gesamt- ausschlag in 77,5 m Höhe in cm	Gesamtaus- schlag a in Mündungs- höhe in cm	Libellen- ausschlag in Teil- strichen[1)	Werte für				Elastischer Ausschlag der Krone f in cm	v^2	Winddruck in kg/m² senkrechter Projektions- fläche	$\eta = a \cdot k$
						b in cm	c in cm	d in cm	e in cm				
27.7.24.	S. W.	18,5	6,0	8,20	8,5	4,75	3,45	0,65	4,10	4,10	342	30,8	0,09
8. 8. 24.	W.	15	4,0	5,5	5,5	3,10	2,40	0,45	2,65	2,85	225	21,4	0,095
9. 8. 24.	N.	7,5	1,6	2,15	2,5	1,40	0,75	0,14	1,26	0,89	56,5	6,7	0,119

Aus den berechneten Werten für η folgt als arithmetisches Mittel

$$\eta = \frac{1}{3}\,(0,09 + 0,095 + 0,119) = 0,101 \sim 0,10\,.$$

Ein Vergleich mit dem Wert η, der ohne Berücksichtigung der Verdrehung des Fundamentes ermittelt wurde, ergibt, daß die Bewegungen des Fundamentes mit zunehmender Höhe des Schaftes einen erheblichen, nicht zu vernachlässigenden Einfluß auf die Ausschläge der Mündung des Kamines ausüben.

Der Wert $\eta = 0,101$, der der Berechnung des Winddruckes für eine bestimmte Windgeschwindigkeit zugrunde zu legen ist, setzt sich zusammen aus dem noch zu bestimmenden Wert für α und dem Abflußkoeffizienten $k \sim 0,67$; aus der Gleichung

$$\eta = \alpha \cdot k$$

folgt demnach

$$\alpha = \frac{0,101}{0,67} = 0,151 \sim 0,15\,.$$

[1) 1 Teilstrich der Libellenteilung entspricht einer Neigung von 6 mm auf 100 m, für die Mündung des Kamines auf + 94 m über Terrain, also einen Ausschlag von $\frac{94}{100} \cdot 0,006 = 0,0056\,\text{m} = 0,56\,\text{cm}$.

Als Winddruck pro Quadratmeter senkrecht getroffener Fläche berechnet sich mithin

$$W = \alpha \cdot v^2 = 0{,}15 \cdot v^2 \text{ kg,}$$

so daß als aktiver Winddruck auf zylindrische Flächen pro Quadratmeter Projektionsfläche folgt (Abb. 20)

$$W = 0{,}15 \cdot 0{,}67 \cdot v^2 = 0{,}10\, v^2 \text{ kg.}$$

Diese Werte zeigen, daß die bislang der Berechnung von Schornsteinen zugrunde gelegten Windbelastungen zu gering angenommen wurden, wobei noch zu berücksichtigen ist, daß die Werte für α und η tatsächlich noch etwas größer sein können, da ja als Elastizitätsmodul nur der des unbewehrten Betons in Rechnung gesetzt wurde, und die an sich ja sehr geringe Bewehrung des Schaftes immerhin eine kleine Erhöhung für E bedeuten wird.

Dies erklärt sich wohl daraus, daß seither von einer Saugwirkung des Windes und der Reibung zwischen Wind und Kaminmantel bei der Berechnung vollständig abgesehen wurde. Diese Vernachlässigung der Saugwirkung und der Reibung mag bei kleinen Schornsteinen mit geringem Durchmesser angezeigt und erlaubt sein; bei Objekten von den Ausmaßen des Versuchsobjektes muß aber eine Berücksichtigung derselben unbedingt stattfinden. Wenn schon bei dem Winddruck die Form der getroffenen Fläche von Ausschlag ist, so ist sie bei der Saugkraft und der Reibung des Windes noch von erheblich größerer Bedeutung, wie durch Versuche mit Flugzeugen und schnellfahrenden Fahrzeugen einwandfrei festgestellt wurde. Ist für den Winddruck die günstigste Form die Kugelfläche, so ist es für die Saugwirkung die Spitze. Da aber beim Kaminbau eine diesbezüglich günstige Querschnittsform (Tropfenform) mit Rücksicht auf die wechselnde Windrichtung und aus praktischen Gründen unmöglich ist, muß, um den tatsächlichen Verhältnissen gerecht zu werden, bei runden Schornsteinen die Saugwirkung und die Reibung unbedingt in Rechnung gestellt werden.

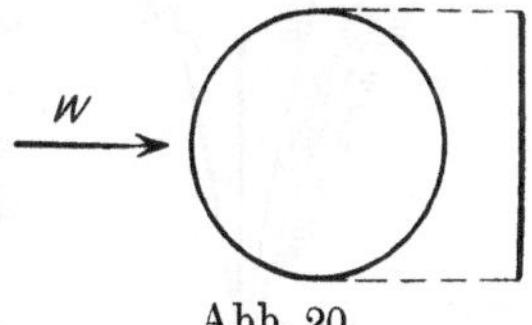

Abb. 20.

Daß schlanke Gebilde, wie Kamine, den größten Luftwiderstand bedingen, hat auch Buchegger im „Bauingenieur Jahrgang 1922, Heft 16" auf Grund vorgenommener Versuche berichtet.

An der Hamburger Küste wurden als Höchstgeschwindigkeit der dort herrschenden Winde $v \sim 46$ m/Sek. gemessen, ein Wert, der nach den Angaben im „Bauingenieur Jahrgang 1924, Heft 13" auch im Binnenland häufig erreicht, wenn nicht überschritten wird. Für zylindrische, hohe Kamine ergibt sich unter Zugrundelegung dieser Windgeschwindigkeit ein Winddruck

$$w = 0{,}10 \cdot v^2 = 0{,}10 \cdot 46^2 = 210 \text{ kg/m}^2 \text{ senkrechter Projektionsfläche}$$

oder unter Beibehaltung eines Abflußkoeffizienten $k = 0{,}67$ ein Winddruck

$$w = 210 : 0{,}67 = 320 \text{ kg/m}^2 \text{ senkrecht getroffener Fläche,}$$

ein Wert, der die von den einzelnen Bauordnungen vorgeschriebene Windlast (mit Ausnahme der Vorschriften für Baden und Österreich) erheblich übersteigt. Dabei wäre an sich zu beachten, daß die stoßweise Windbelastung, wie die Messungen ergaben, einen erheblich größeren Ausschlag der Kaminachse gegenüber ruhiger Windbelastung und dadurch auch größere Beanspruchungen zur Folge haben kann. Es muß jedoch berücksichtigt werden, daß bei Winden mit großer Geschwindigkeit eine stoßweise Belastung im engeren Sinn nicht in Frage kommen kann, denn diese Winde treten in ihrer vollen Stärke nicht plötzlich auf, und die geringen Unterschiede in der Stärke solch bedeutender Winde spielen keine besondere Rolle. Es wird deshalb genügen, bei Winden mit hoher Geschwindigkeit im Prinzip nur die statische Wirkung des Windes in Rechnung zu ziehen.

Große dynamische Wirkungen können nur bei Explosionen auftreten. In der dynamischen Wirkung des Luftdruckes wird auch die Ursache für den Einsturz des einen Eisenbetonkamines im Werke Oppau der B. A. S. F. bei der am 21. September

1921 erfolgten Explosion zu erblicken sein. Der im Augenblicke der Explosion auftretende Luftdruck brachte den Kamin mit großem Ausschlag *a* in Schwingung (Abb. 21); die der Explosion unmittelbar folgende Luftverdünnung am Explosionsherd bedingte ein Nachstürzen der ringsum lagernden Luftmasse und dadurch in bezug auf diese eine sehr starke Saugwirkung. Trat nun diese Saugwirkung in dem Augenblick ein, in dem der durch den Luftdruck verursachte Ausschlag *a* auslief oder als der Rückgang bereits eingetreten war, so addierte sich beim Rückgang des Kamines zu der elastischen Schwingung *a* noch die Schwingung durch die Saugwirkung *b*, so daß in der Richtung gegen den Explosionsherd zu, in diesem Fall der Schwingungsausschlag *a* + *b* zustande kam, und mithin infolge Überbeanspruchung des Materials am Fuße des Schaftes der Einsturz eintreten mußte. Bedenkt man, daß die Schwingungszeit des Kamines auf Grund der Messungen etwa 2,4 Sek. betrug, der Ausschlag *a* also in nur 0,6 Sek. beendet war, so kann sehr wohl angenommen werden, daß die sich fast augenblicklich folgenden Wirkungen aus Luftdruck und Luftzug in einem Zeitraum von 0,6 — 1,8 Sek. auftraten und zusammen den Einsturz des Kaminschaftes durch Überbeanspruchung des Materiales in der Nähe des Fundamentes verursachen mußten, der tatsächlich gegen den Explosionsherd zu erfolgte.

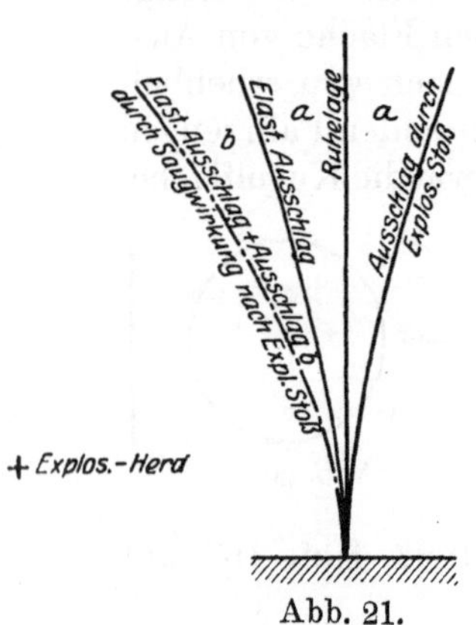

Abb. 21.

Daß die beiden Nachbarkamine stehenblieben, würde zur Folge haben, daß diese gegenüber dem eingestürzten Kamin entweder eine andere Masse und damit eine andere Schwingungszeit oder eine höhere Festigkeit besaßen.

Tatsächlich trifft die Annahme einer anderen Masse bei dem einen um rund 17 m höheren, durch die Explosion stark nicht beschädigten Kamine zu; hier war augenscheinlich der durch den Explosionsdruck bedingte Ausschlag *a* noch nicht beendet, als schon die Saugwirkung einsetzte, die somit auf die Bewegung reduzierend wirkte. Der andere der beiden stehengebliebenen Kamine hat die gleiche Höhe (100 m) und nahezu die gleichen Abmessungen und annähernd auch die gleiche Masse wie der eingestürzte, er zeigte aber nach der Explosion neben dem Einsturze eines großen Teiles des Futters im ganzen Mantel bedeutende Zerstörungen. Ob der Vermeidung des Einsturzes dieses Kamines eine höhere Festigkeit oder eine etwas günstigere Schwingungszeit zugute kam, kann nicht ohne weiteres gesagt werden.

Dabei sei noch auf den Umstand hingewiesen, daß der eingestürzte Kamin, der sich zwischen den beiden stehengebliebenen Schornsteinen befand und dem 100 m hohen Nachbarkamin zudem noch etwas vorgelagert war, infolge Einengung des Luftdurchgangsprofiles und dadurch bedingter Zusammenpressung der bewegten Luftmasse durch die drei Essen zudem noch etwas größeren Belastungen ausgesetzt war als die ihm benachbarten Schornsteine.

Die gelegentlich der Explosion aufgetretene Risseerscheinung in den beiden stehengebliebenen Schornsteinen läßt neben einer Abbiegung des Kamins auch ein Zusammendrücken des Querschnittes durch starken Winddruck deutlich erkennen. Die lotrecht verlaufenden Risse sind nämlich auf den $\perp$ zu der Wind- bzw. Explosionsrichtung liegenden Teilen der Mantelfläche zahlreicher und stärker als in den übrigen Teilen des Mantels. Daraus ist zu schließen, daß in der Richtung des Winddruckes eine Verkürzung des Durchmessers des Querschnittes und senkrecht hierzu eine Verlängerung desselben eingetreten sein muß, daß also der kreisringförmige Querschnitt während der Dauer des Winddruckes deformiert wurde und die Form eines elliptischen Ringes angenommen hatte, dessen große Achse $\perp$ zu der Windrichtung lag.

Dieser Umstand läßt es notwendig erscheinen, bei Kaminen mit dünnen Wandungen und großem Durchmesser auch die elastische Formänderung des Querschnittes durch Winddruck zu verfolgen, um zu ermitteln, ob evt. auch eine Bewehrung an der Innenfläche des Mantels zur Aufnahme der dort an den Abflachungsstellen auftretenden Zugspannungen erforderlich ist.

Wärmeeinfluß.

Um die Wirkung des Einflusses der Wärme auf den Eisenbetonmantel feststellen zu können, ist es erforderlich, über das Verhalten des Mantels gegenüber Wärmeschwankungen grundlegende Betrachtungen anzustellen.

Eine gleichmäßig durchwärmte, an einem Ende festgehaltene Röhre wird sich unter dem Einfluß der Wärme ausdehnen und zusammenziehen, ohne im Inneren besondere Beanspruchungen zu erleiden, da ihrer Bewegung sowohl in der Längen- als in der Querausdehnung keine Hindernisse entgegenstehen.

Bei einem Schornstein würden die gleichen Annahmen zutreffen, wenn nicht infolge der Wärmeausstrahlung gegen die äußere kältere atmosphärische Luft ein Wärmeabfall von innen nach außen eintreten würde. Es ist also zu berücksichtigen, daß die innere Mantelfläche eine erheblich höhere Temperatur zeigt als die äußere, mit der Luft in Berührung stehende. Diese ungleichmäßige Erwärmung des Mantels wird andere Verhältnisse zeitigen, als dies bei gleichmäßiger Erwärmung eintreten würde.

Betrachtet man zunächst die Ausdehnung in lotrechter Richtung, so ist zu berücksichtigen, daß der innere, heißere Teil des Mantels sich stärker ausdehnen wird als der äußere, weniger warme Teil. Da nun aber infolge der monolithischen Herstellung des Mauerwerkes der Mantel in allen seinen Teilen die gleiche Bewegung ausführen wird, und der stärkeren Ausdehnung des inneren Teiles außer dem auflastenden Eigengewicht keine Kräfte entgegenwirken, so wird der äußere Teil die gleichen Bewegungen mitmachen müssen. Die äußere Mantellinie wird also um das gleiche Maß verlängert werden, wie die innere Mantellinie unter dem Einfluß der höheren Temperatur wächst. Demzufolge müssen durch die erzwungene Verlängerung im äußeren Teile des Mantels Zugspannungen entstehen, die diese Bewegung aufzuhalten suchen, während im inneren Teile Druckspannungen auftreten, die in ihrer Gesamtheit gleich der Summe der Zugspannungen sein müssen. Da nun aber das Mauerwerk auf Zug wenig Widerstand leistet, ist die Folge, daß sich — wenn außer Wärme keine weiteren Beanspruchungen vorhanden sind — an der Außenfläche nach dem Innern zu abnehmende horizontale Risse bilden, sobald die Zugfestigkeit des Baustoffes überschritten ist.

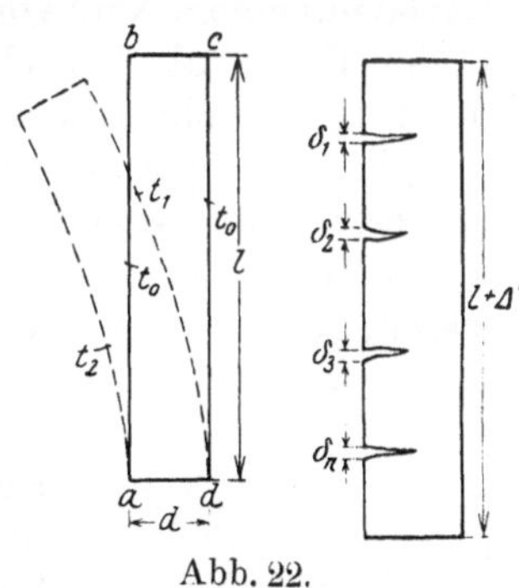

Abb. 22.

Ein Stab von der Dicke d, der Länge 1 und der Temperatur t_0 sei ungleichmäßig erwärmt worden (Abb. 22), so daß die eine Seite die Temperatur t_1 und die andere die Temperatur t_2 habe, wobei $t_1 > t_2$. Ist α_t der Ausdehnungskoeffizient des Materiales, so wird die Seite mit der Temperatur t_1 eine Ausdehnung $\varDelta' = 1\,(t_1 - t_0)\,\alpha_t$ und die andere eine solche von $\varDelta'' = 1 \cdot (t_2 - t_0)\,\alpha_t$ erfahren. Da nun $\varDelta' > \varDelta''$ ist, wird sich der Stab, wenn der verschiedenen Ausdehnung nichts entgegensteht, nach der punktierten Linie deformieren.

Verhindert man diese Deformation, wie dies beim Kaminmauerwerk durch die ringförmige Verspannung geschieht, so ist die Seite ab gezwungen, die gleiche Verlängerung mitzumachen wie die Seite cd, sie wird also über ihre Wärmeausdehnung $\varDelta''$ noch um das Maß $\varDelta' - \varDelta''$ gestreckt. Ist nun das Material nicht imstande, den dieser Streckung zukommenden Zug aufzunehmen, so werden sich Risse bilden, die in ihrer Gesamtheit die Länge $\varDelta' - \varDelta''$ ausmachen, also

$$\delta_1 + \delta_2 + \cdots \delta_n = \varSigma\,\delta = \varDelta' - \varDelta''.$$

Es ist daher bei Kaminen eine nicht zu vermeidende Erscheinung, daß sich an der Außenfläche horizontal verlaufende Risse längs des ganzen Umfanges zeigen, sofern nicht besondere Vorkehrungen zur Aufnahme der die Risse verursachenden Zugkraft getroffen werden, dabei ist zu berücksichtigen, daß Windbelastung die horizontale Rissebildung durch Wärme noch steigern kann.

Genau die gleiche Betrachtung trifft bei der horizontalen Querschnittsausdehnung zu. Hier wird sich der innere Umfang unter dem Einfluß der Temperatur t_1 stärker ausdehnen als der äußere Umfang (Abb. 23).

Der Unterschied in den beiden Längenänderungen wird im äußeren Teil des Mantels also eine Zugkraft zur Folge haben, die das Mauerwerk nach Überschreiten der Zugfestigkeit zum Reißen bringen wird, wenn nicht wiederum geeignete Vorkehrungen zur Unterstützung der an sich geringen Zugfestigkeit des Mauerwerkes getroffen sind. Es werden also nach der punktierten Figur lotrecht verlaufende Risse auftreten.

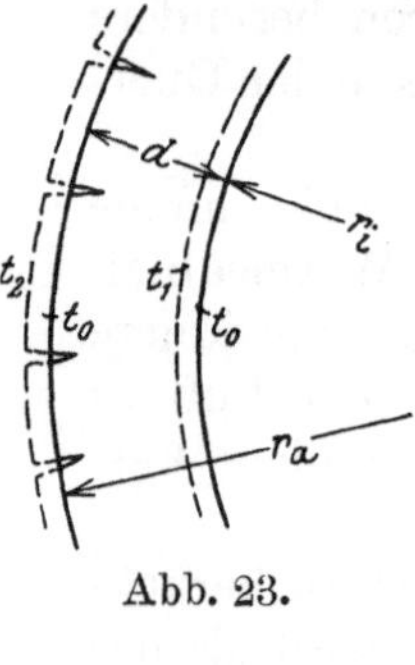

Abb. 23.

Der Mantel eines Rohres wird deshalb bei ungleichmäßiger Erwärmung in seinen inneren Teilen sowohl in vertikaler als horizontaler Richtung gedrückt, während er in seinen äußeren Teilen in den gleichen Richtungen Zugbeanspruchungen aufweist, so daß für die Berechnung der räumliche, dreiachsige Spannungszustand in Betracht kommt. Für jede Stelle des Mantels sind dabei die wagrechten Spannungen (Ringspannungen) gleich den in lotrechter Richtung auftretenden Beanspruchungen.

Aus diesem Umstand erklärt es sich, daß alle Kamine aus Mauerwerk an der Außenfläche mit einem Netz von Rissen überzogen sind, die bei Backsteinmauerwerk naturgemäß in den Fugen, als den schwächsten Stellen verlaufen, und wegen der auf die große Anzahl der Fugen erfolgten Verteilung meist nicht ohne weiteres in Erscheinung treten.

Anders bei Kaminen aus Beton und Eisenbeton. Sofern diese aus Formsteinen von größeren Abmessungen hergestellt sind, müssen die Risse deutlicher hervortreten. Und in der Tat wird sich bei allen derartigen Bauwerken leicht ein Netz von Rissen feststellen lassen, die vielfach leichthin als Schwindrisse angesprochen werden. Daß dabei die Schwindung des Mauerwerkes eine untergeordnete Bedeutung hat, dürfte aber schon der Umstand beweisen, daß die lotrechten Risse nicht nur den Weg längs der Stoßfugen nehmen, sondern sich durch die Steine selbst fortsetzen und sich in geradlinigem Verlauf über eine mehr oder weniger große Anzahl von Steinschichten erstrecken.

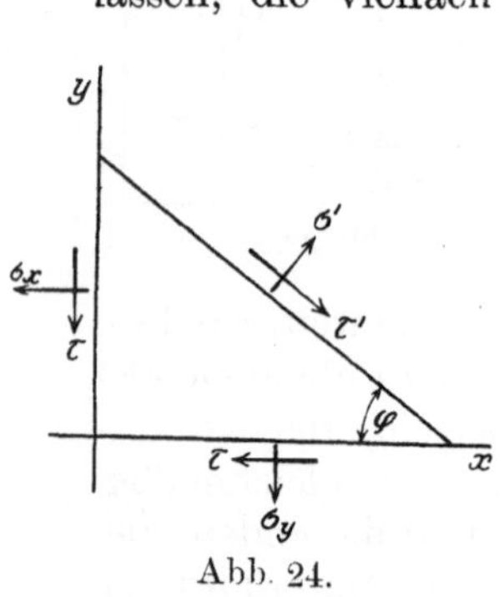

Abb. 24.

Verlauf der Risse im Mauerwerk. Die Risse werden in den Flächen verlaufen, in denen die größten Spannungen auftreten. An einem dreiseitigen Prisma, dessen Grundfläche in nebenstehender Figur (Abb. 24) dargestellt ist, werden die gegebenen Spannungen σ_x, σ_y und τ in der unter dem $\sphericalangle \varphi$ zur X-Achse geneigten Ebene die Spannungen σ' und τ' bedingen. Für die Ermittelung des Verlaufes der Risse bzw. der Ebene, in der die größten Spannungen, Hauptspannungen, als welche σ' bezeichnet wird, auftreten, gilt nach dem ebenen Spannungszustand für die Hauptrichtung die Bedingung

$$\varphi = \frac{1}{2}\operatorname{arc\,tg}\frac{2\,\tau}{\sigma_y - \sigma_x} + n\,\frac{\pi}{2} \quad \text{(Föppl, Bd. III)}$$

und für die Hauptspannungen selbst die Beziehung

$$\sigma'_{\text{max}} = \frac{1}{2}\,(\sigma_x + \sigma_y) + \frac{1}{2}\,\sqrt{4\,\tau^2 + (\sigma_x - \sigma_y)^2}\;.$$

Für den Fall, daß auf den Kamin nur die Beanspruchungen aus Eigengewicht und Wärme wirken, wird aber $\tau = 0$. Es werden daher die Richtungen der Koordinatenachsen mit den Hauptrichtungen zusammenfallen, woraus folgt, daß σ_x und σ_y selbst die Hauptspannungen sein müssen. Dadurch ist bewiesen, daß für gewöhnliche Belastung (Wärme- und Eigengewicht) die größten Beanspruchungen und mithin auch etwaige Risse in den Ebenen der Hauptachsen des räumlichen Spannungszustandes, nämlich in vertikaler und horizontaler Richtung auftreten müssen. Daß die Risse dabei in der Hauptsache den Weg längs der Fugen, den schwächsten Stellen des Mauerwerkes, nehmen bzw. zu nehmen suchen, ist ohne weiteres klar, da eben hier bereits geringere Spannungen genügen, den Zusammenhang der Konstruktion zu lösen.

Wirkt nun aber auf den Kamin neben diesen Beanspruchungen noch der Wind, welcher die einzelnen Querschnitte gegeneinander zu verschieben sucht, so wird außer den Normalspannungen auch eine Schubbeanspruchung τ in horizontaler und vertikaler Richtung auftreten. Diese Schubspannungen werden dann zusammen mit den Normalspannungen Hauptspannungen bedingen, die in einer unter dem Winkel φ geneigten Fläche ihren Größtwert erreichen. Die senkrecht zu dieser Ebene angreifenden Hauptspannungen, die bei der gegebenen Beanspruchung in den äußeren Teilen des Betonmantels als Zugspannungen wirken, werden bei Überanstrengung des Materials demnach Risse bedingen, die wie die Ebene der Hauptrichtungen unter dem Winkel φ zur X-Achse geneigt sind. Die Risse folgen in diesem Fall Schraubenlinien, deren Neigung mit der Schubspannung und der Größe der Beanspruchung aus Eigengewicht — die durch $\sigma_y - \sigma_x$ ausgedrückt ist — sich ändert.

Daß wir an den bestehenden Schornsteinen fast ausnahmslos nur Risse in lotrechter und wagrechter Richtung feststellen können, ist darin begründet, daß erstens heftige Winde nur selten auftreten und andernteils eine streng monolithische Bauweise — für welche vorstehende Betrachtungen gelten — bei hohen Schornsteinen nicht zur Anwendung gelangen und zweitens die Risse infolge ungleichmäßiger Erwärmung und Eigengewicht, als die ständig wirkenden Beanspruchungen, fast immer schon zutage getreten sein werden, bevor starke Windstöße zur Wirkung gelangen.

Beobachtungen und Messungen. Um ein genaues Bild über die Erwärmung des Eisenbetonmantels, des Futters und der Rauchgase zu gewinnen, wurden insgesamt 25 Meßstellen (Abb. 25) für die Temperaturermittelung vorgesehen. Diese wurden übereinander befindlich (vgl. Beilage 1, Abb. 9 und 25) so angelegt, daß jeweils 5 Meßstellen, radial angeordnet, in einer Höhenlage sich befinden, wovon 2 im Mantel, 2 im Futter und 1 in der Kaminachse liegen. Um ein genaues Messen zu ermöglichen, wurden zur Messung Thermoelemente aus Eisen-Konstantandraht gewählt. Sie wurden, um die Wärmeverhältnisse in den Schichten der gewählten Höhenlage an einer Stelle zu beobachten, möglichst nahe beisammen angeordnet, damit die Partien der Meßstellen unter den gleichen Wärme- und Witterungseinflüssen stehen. Es mußte vermieden bleiben, daß die Meßstellen einer Höhenlage getrennt angeordnet wurden, so daß etwa die Meßstellen des Mantels bei der Messung im Sonnenschein, die des Futters auf der Schattenseite des Kamines, oder die Meßstellen des Mantels auf der Angriffsseite des Windes, die des Futters auf der Leeseite liegen könnten.

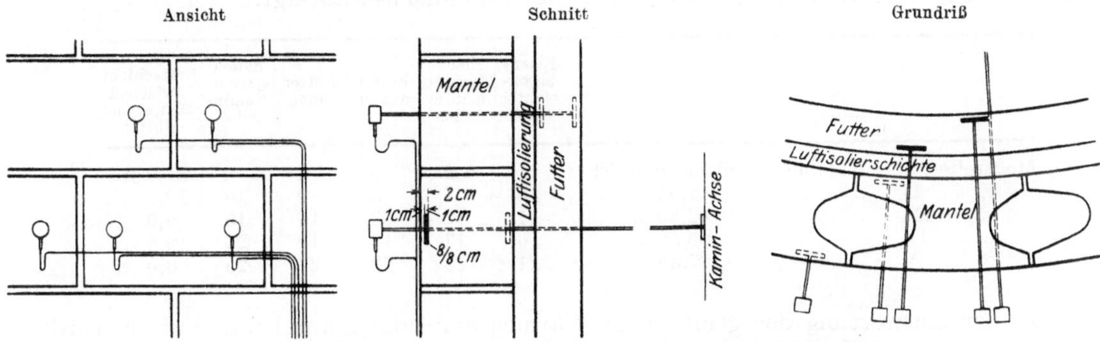

Abb. 25. Anordnung der Thermoelemente einer Meßstelle.

Im Mantel und im Futter wurden die Thermoelemente so ausgebildet, daß die Meßstellen jeweils 1½ cm unter den Oberflächen liegen und so mindestens noch 1 cm Überdeckung durch Beton oder Mauerwerk vorhanden ist, nachdem die eigentliche schmiede-

eiserne Aufnahmeplatte von 8/8 cm Seitenlänge eine Stärke von 10 mm hat. Die Meßplatte, Aufnahmeplatte, besitzt in ihrem Mittelpunkt eine auf die ganze Stärke durchgehende Bohrung, in die das Thermoelement genau eingepaßt ist.

Die Leitungsdrähte der Thermoelemente einer Höhenlage, die nach nebenstehender
Skizze angeordnet sind, wurden jeweils in einem Kabel gesammelt und längs des Mantels
des Kamines an einer besonderen, an den Steigeisen befestigten Konstruktion zu einem
Schaltapparat geleitet, der es ermöglicht, jedes zu beobachtende Thermoelement an ein
Millivoltmeter anzuschließen. Sämtliche Thermoelemente wurden bei einer Temperatur
von 20° C geaicht.

Da die sämtlichen Leitungen der Thermoelemente auch der Luftelektrizität ausgesetzt sind, wurde zur Messung der Luftelektrizität eine besondere auf die ganze Höhe
des Kamines durchgehende Leitung aus Eisen-Konstantandraht vorgesehen, die, wie die
Thermoelemente, an den Schaltkasten angeschlossen ist und mit dem Millivoltmeter ver-
bunden werden kann.

Die vom Millivoltmeter für diese Luftleitung angegebene elektrische Spannung ist
von den Spannungen der in den Thermoelementen herrschenden elektrischen Strömen
naturgemäß in Abzug zu bringen. Die hieraus sich ergebenden elektrischen Spannungen
geben dann die Größe der durch die Wärmegrade bedingten Spannungen der elektrischen
Ströme in dem Stromkreis der einzelnen Thermoelemente an, und diese liefern auf Grund
der bei der Eichung gefundenen Ergebnisse und unter Berücksichtigung der Ölbad-
temperatur die Temperatur der betreffenden Meßstellen.

Bei der Messung hat sich nun gezeigt, daß es vorteilhaft wäre, bei Temperaturen,
die in kurzen Zeitabständen starken Änderungen unterworfen sein können, wie dies bei
den Rauchgasen zutrifft, eine fortlaufende Messungsmöglichkeit zu haben. Es wurde das
durch Anordnung eines registrierenden Millivoltmeters mit 2 Schreibstellen und eines
Multithermographen mit 6 Schreibstellen erreicht, die beide eine ununterbrochene Auf-
zeichnung der Angaben der Thermoelemente gewährleisten.

Da die Wärmeverteilung im Kaminmauerwerk nicht allein von der Temperatur der
Rauchgase abhängig ist, sondern auch von dem Wärmegrad der den Schornstein umgeben-
den Luft, so wurde in etwa 70 m Entfernung vom Kamin, 15 m über dem Boden ein gegen
Sonnenbestrahlung geschütztes registrierendes Thermometer frei aufgestellt, das die
Tagestemperatur ebenfalls fortlaufend anzeigte.

Mit Hilfe der zur Windbestimmung vorgesehenen Apparate konnte ferner ermittelt
werden, wie der Wind die Wärmeverteilung im Kaminmauerwerk beeinflußt.

Die in fünf verschiedenen Höhenlagen angeordneten Thermoelemente wurden, wie in
Abb. 25 angegeben, derart angeordnet, daß für Mantel und Futter jeweils die Temperaturen in 1,5 cm Abstand unter den Oberflächen gemessen werden konnten, während das
fünfte Element die Rauchgastemperatur in der Kaminachse anzeigt.

		Eisen-beton-mantel außen	Eisen-beton-mantel innen	Futter außen	Futter innen	Rauch-gase in Kamin-achse	Stärke der Luftschicht zwischen Mantel und Futter
Meßstelle I in Höhenlage[1]) 4,80 m Eï		1	2	3	4	5	21,0 cm
„ II „ „ 17,95 „ „		6	7	8	9	10	12,0 „
„ III „ „ 42,85 „ „		11	12	13	14	15	9,0 „
„ IV „ „ 65,50 „ „		16	17	18	19	20	12,5 „
„ V „ „ 87,35 „ „		21	22	23	24	25	0,0 „

Bei der Auswertung der gemessenen Wärmegrade vom Mantel und Futter wurde,
da genauer Verlauf des Wärmeabfalles von innen nach außen nicht festgestellt werden
konnte, statt eines hypothetischen krummlinigen Verlaufes der geradlinige Temperaturabfall angenommen (Abb 26). Unter dieser Voraussetzung wurden alsdann die Tem-

---

1) Über Terrain.

peraturen der Außenflächen auf Grund der Angaben der Thermoelemente und der Stärke der Wandungen in bezug auf den Abstand der Thermoelemente berechnet.

Über die im Kaminmauerwerk herrschenden Temperaturunterschiede und Temperaturen selbst finden sich in der Literatur vereinzelte Angaben.

Saliger errechnet im Handbuch des Eisenbetonbaues (4. Bd. 2. Teil 1. Lieferung) bei einer Rauchgastemperatur von $t_i = 250^0$ C und einer Außentemperatur von $t_a = -20^0$ C für einmantelige Schornsteine bei 15 cm Wandstärke einen Temperaturunterschied von 116^0 C, und für doppelwandige Schornsteine mit 10 cm starker Luftisolierung und 12 cm starkem Futter unter den gleichen Voraussetzungen für die äußere Schale einen Temperaturunterschied von nur 33^0 C.

Saliger schlägt daher als angenäherte Werte vor, für einmantelige Schornsteine mit 10—15 cm Wandstärke den Temperaturunterschied mit $0,40\ (t_i - t_a)$ und für doppelwandige Querschnitte mit $\dfrac{1}{8}\ (t_i - t_a)$ anzunehmen, wobei t_i die Rauchgastemperatur und t_a die Temperatur der Außenluft bedeutet.

Professor Lang gibt im „Schornsteinbau 1896" für einmantelige Schornsteine aus Preßziegeln in verlängertem Zementmörtel bei 200^0 C Rauchgastemperatur und bei -20^0 C Außentemperatur die Wärmespannungen in den Oberflächenschichten mit $11\ \text{kg/cm}^2$ und $-16\ \text{kg/cm}^2$ an, die bei besonders heißen Rauchgasen und dicken Wandungen auf $18\ \text{kg/cm}^2$ und $-25\ \text{kg/cm}^2$ steigen können. Er führt dabei weiter aus, daß in den oberen Trommeln die Wärmespannungen entsprechend der Mauerdicke abnehmen. Bei Schornsteinen mit Futter betragen nach seiner Angabe die Wärmespannungen im Außenmantel $6\ \text{kg/cm}^2$ bzw. $-9\ \text{kg/cm}^2$ und noch weniger.

Gewerberat Jahr führt in der „Anleitung zum Entwerfen und zur Berechnung der Standfestigkeit an Schornsteinen 1920" aus, daß die Temperatur des Gasstromes von der Schornsteinachse aus nach der Wandung zu erheblich abnimmt und die Erwärmung des Rohres nur eine geringe ist. Dies wird um so mehr in doppel-

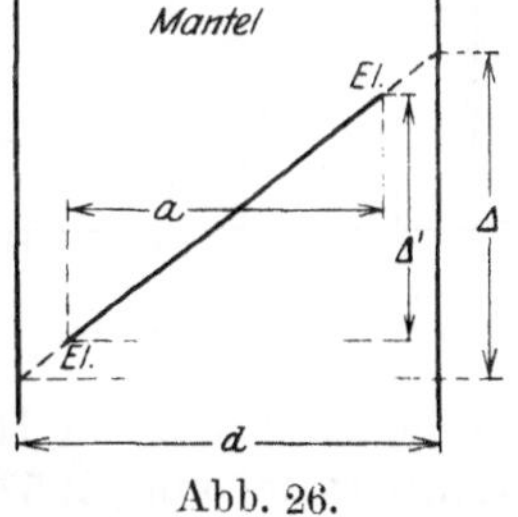

Abb. 26.

wandigen Schornsteinen der Fall sein, so daß in dem äußeren Schornsteinmantel eine Differenz zwischen Außen- und Innenfläche von nur 10—20^0 C zu erwarten sei.

Erst die in neuerer Zeit angestellten Versuche auf wärmetechnischem Gebiet brachten die für die Berechnung der Wärmespannungen erforderlichen Annahmen den tatsächlichen Verhältnissen etwas näher, obwohl auch die Ergebnisse dieser Laboratoriumsversuche die wirklichen Wärmebelastungen nicht treffen. Die Ergebnisse sind an kleinen Objekten gesammelt und können begreiflicherweise nicht ohne weiteres auf ein so großes Objekt, wie es ein Schornstein darstellt, angewendet werden.

Daß diese an sich sehr voneinander abweichenden Annahmen, die bisher den Berechnungen zugrunde lagen, keineswegs die tatsächlichen Verhältnisse treffen und diese sehr weit unterschätzen[1]), sei im nachfolgenden nachgewiesen.

Die Baupolizeivorschriften enthalten nur in vereinzelten Fällen Angaben über zu berücksichtigende Temperaturdifferenzen, die naturgemäß nicht zutreffend sein können, weil eben die diesbezüglichen Unterlagen auf unrichtigen Voraussetzungen aufgebaut sind.

Abkühlung der Rauchgase in der Schornsteinröhre. Bevor in eine nähere Betrachtung der Wärmeverhältnisse im Mauerwerk eingegangen wird, soll einiges über das Verhalten der Rauchgase in der Schornsteinröhre selbst auf Grund der vorgenommenen Messungen vorausgeschickt werden. Auch hier liegen bisher nur Annahmen auf Grund roher Messungen vor, die allgemein dahin gehen, daß bei hohen Kaminen durchschnittlich mit einem Temperaturabfall der Rauchgase von 1^0 C pro steigendem Schornstein gerechnet werden kann.

---

1) Erst in jüngster Zeit wurden in einzelnen Fachzeitschriften einige Angaben gemacht, die den tatsächlichen Verhältnissen näherkommen.

Ingenieur Johann Jaschke gibt in der „Feuerungstechnik" (Jahrgang 10, Heft 3) bekannt, daß an der John Hopkins-Universität Versuche über Temperaturverhältnisse der Rauchgase vorgenommen wurden. Der Schornstein hatte sechseckigen Querschnitt, oben 2,13 m Durchmesser, unten 2,66 m Durchmesser bei 39,62 m Höhe, gemessen von der Sohle des Rauchkanals bis zur Spitze. Der Schornstein hatte die Gase von vier Kesseln mit zusammen rund 1300 m² Heizfläche abzuführen. Zur Temperaturmessung dienten Kupfer- und Kupfer-Konstantanelemente.

Es wurden vier Reihen von Versuchen (Abb. 27) durchgeführt, deren Ergebnisse (Mittelwerte) in folgender Zusammenstellung enthalten sind.

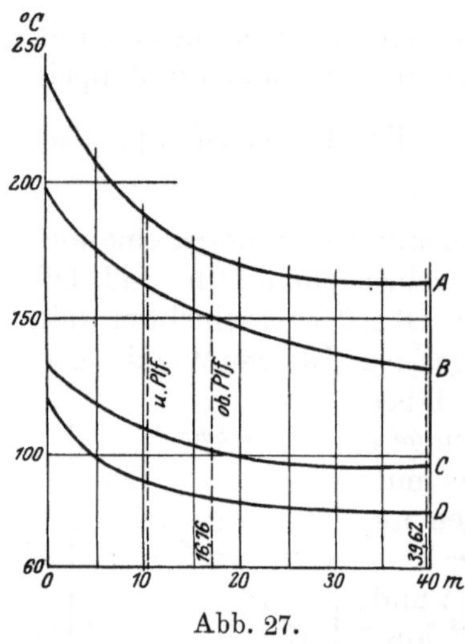

Abb. 27.

Versuchsreihe	A	B	C	D
		Temperaturen in °C		
Rauchkanal	240	199	136	121
Untere Plattform	188	162	108	90
Obere Plattform	174	156	—	—
Schornsteinmündung	165	132	97	79
Mittelwert	181	154	105	88
Außenluft	4	3	6	— 4

Der größte im Schornstein beobachtete Temperaturunterschied betrug 86⁰ C, zwischen Mündung und Sohle; 6⁰ C zwischen Mitte und Umfang eines Querschnittes. Der größte Temperaturunterschied im Rauchkanal zwischen oben und unten beim Eintritt in den Schornstein betrug 12⁰ C.

Messungen an einem anderen Schornstein mit 5,48 m Durchmesser und 76,2 m Höhe ergaben für die Rauchgase bei 249⁰ C Eintrittstemperatur einen Temperaturabfall von 55⁰ C, wovon 44⁰ C auf die ersten 39,62 m der Höhe kamen. Bei einem quadratischen Schornstein von 0,914 m Seitenlänge und 31,1 m Höhe wurde ein Abfall von 97⁰ C gemessen, bei einer Eintrittstemperatur von 225⁰ C und einer Lufttemperatur von 21⁰ C (Power Nr. 12, 1919).

Bemerkenswert an den Ergebnissen der Messungen an dem vorletzt genannten Objekt ist, daß die Abkühlung mit steigender Höhe abnimmt, was auch durch die nachstehend aufgeführten Versuchsergebnisse bestätigt wird.

Nach Beilage 1 und Abb. 25 konnten an dem beobachteten Kamin die Rauchgase in fünf verschiedenen Höhenlagen gleichzeitig gemessen werden. Für die Durchführung der Messungen für die Abkühlung der Rauchgase kommen nur die oberhalb des eingeleiteten Fuchses gelegenen vier Maßstellen in Betracht, wobei sich zeigte, daß die unmittelbar über dem Fuchs gelegene Meßstelle (El 10) für den genannten Zweck keine brauchbaren Ergebnisse ergab, da die dort in der Kaminachse gemessenen Temperaturen entweder etwas geringer oder doch mindestens gleich den an der nächst höher gelegenen Meßstelle ermittelten Temperaturen sind, ein Zustand, der auf die Strecke zwischen El 10 und El 15 keineswegs die Temperaturverhältnisse richtig angibt, denn tatsächlich muß doch auf diese Entfernung auch eine Abkühlung stattgefunden haben.

So wurde zum Beispiel gemessen

am			bei				Anzahl der Kessel	Außentemperatur
		I	II	III	IV	V		
3. 7. 1922 mittags	1 Uhr	116⁰ C	117⁰ C	121⁰ C	115⁰ C	116⁰ C	4	23
15. 7. „ morgens	8 „	222⁰ C	224⁰ C	224⁰ C	221⁰ C	219⁰ C	4	12
15. 7. „ mittags	12 „	202⁰ C	213⁰ C	218⁰ C	202⁰ C	200⁰ C	4	21
8. 7. „ nachmittags 2	„	159⁰ C	165⁰ C	173⁰ C	163⁰ C	166⁰ C	3	21
11. 7. „ „ 2	„	216⁰ C	219⁰ C	230⁰ C	211⁰ C	215⁰ C	3	21
12. 7. „ „ 6	„	188⁰ C	201⁰ C	210⁰ C	197⁰ C	197⁰ C	4	13

Diese auffallende Erscheinung findet ihre Erklärung darin, daß infolge des durch Unterwind verstärkten, an sich hohen Zuges im Kamin die Rauchgase unmittelbar nach

Verlassen des Fuchses sofort senkrecht in die Kaminröhre abgelenkt werden. Die wärmeren Schichten am Scheitel des Fuchses werden an der Einmündung desselben direkt an der Kaminwand hochziehen, während die weniger warmen Schichten an der Fuchssohle, die sich im Kamin natürlich noch mehr abkühlen, das Thermoelement El 10 der Meßstelle II treffen werden. Erst oberhalb der Meßstelle II werden dann die Rauchgase nach eingetretenem Temperaturausgleich die Kaminröhre völlig ausfüllen und von hier ab erst eine regelrechte Messung der längs des Kamins eintretenden Abkühlung zulassen.

Daß die Angaben des Elementes 10 nicht der tatsächlichen Gastemperatur in dieser Höhenlage entspricht, sondern durch die beim Eintritt der Gase in den Kamin entstehenden Wirbel beeinflußt wird, kann auch durch die Temperatur der Innenfläche des Futters in dieser Höhenlage bewiesen werden. Diese ist abhängig von der sie berührenden Gastemperatur. Aus der Innentemperatur des Futters kann deshalb auf die Gastemperatur geschlossen werden, da Innentemperatur des Futters und die Gastemperatur in einem

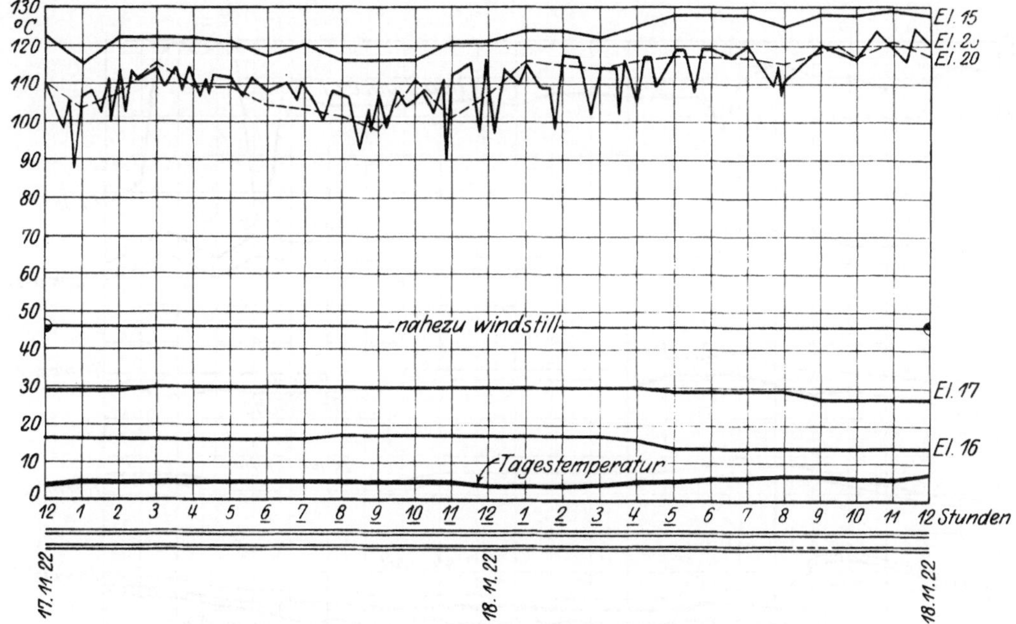

Zeichenerklärung für sämtliche Diagramme:
1 Kessel mit 2 betriebenen Feuerrosten.
1 Kessel mit 1 vollbetriebenen Feuerrost und 1 Feuerrost mit Schwachfeuer.
1 Kessel, bei dem nur 1 Feuerrost in Betrieb ist.

Abb. 28.

bestimmten Verhältnis zueinander stehen müssen. In nachstehender Tabelle sind aus den stattgefundenen Messungen zwei Beispiele herausgegriffen, die in ihrer Auswertung zur Bestimmung der Gastemperatur an der Meßstelle II dienen sollen.

Messung	Meßstelle		Rauchgas-temperatur	Temperatur der Futter-innenfläche	Temperatur der Futter-außenfläche
12. 7. 22 vormittags 9 Uhr	I El	5	206°C	144°C	116°C
	II „	10	212°C	197°C	144°C
	III „	15	222°C	179°C	119°C
	IV „	20	205°C	169°C	120°C
	V „	25	207°C	171°C	120°C
15. 7. 22 vormittags 8 Uhr	I El	1	226°C	152°C	118°C
	II „	10	230°C	216°C	150°C
	III „	15	231°C	193°C	123°C
	IV „	20	225°C	179°C	124°C
	V „	25	227°C	180°C	120°C

Zum Vergleich sollen die Temperaturunterschiede zwischen Rauchgas und Futterinnenfläche in der Höhenlage III und IV genommen werden. Bei der ersten Messung ergibt sich für die Höhenlage III ein Unterschied von $222 - 179 = 43^0$, für die Höhenlage IV ein Unterschied von $205 - 169 = 36^0$; bei der zweiten Messung folgt analog für die Höhenlage III ein Unterschied von 46^0, für die Höhenlage IV von 38^0. Da diese Unterschiede ähnlich bleiben, kann bei vorliegender Temperatur der Futterinnenfläche in der Höhenlage II unter Zugrundelegung der Verhältnisse an den anderen Meßstellen auch die Rauchgastemperatur für die Höhenlage II berechnet werden, zu

$$\chi = \frac{222 \cdot 197}{179} = 244 \text{ bzw. } \chi = \frac{231 \cdot 216}{193} = 258^0 \,.$$

Die Rauchgastemperatur der Meßstelle II kann mit $\frac{244}{222} = \frac{258}{231} = 1{,}11$ d. i. mit 11% höher angenommen werden als die der Meßstelle III.

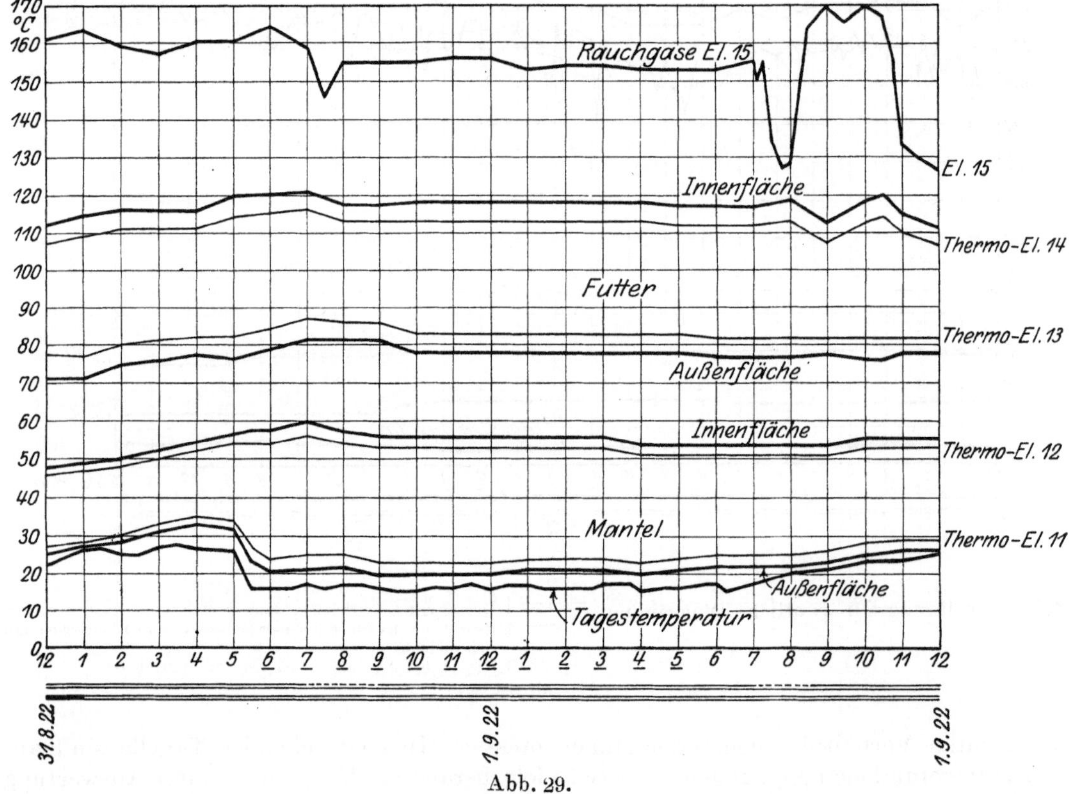

Abb. 29.

Ein Widerspruch in der Abkühlung der Rauchgase zeigt sich vielfach auch in den obersten Teilen des Kamines. Bei der Meßstelle V wurden besonders bei Windstille häufig Temperaturen gemessen, die um einige Grade höher waren, wie die Rauchgastemperaturen an der Meßstelle IV (vgl. Abb. 28).

Diese geringen und an sich unbedeutenden Temperaturerhöhungen dürften wohl auf Nachverbrennungen der in den Abgasen eventuell noch enthaltenen Heizgase — was ja durch Zutritt atmosphärischer Luft nicht ausgeschlossen erscheint — zurückzuführen sein.

Im allgemeinen konnte jedoch längs der Strecke zwischen den Meßstellen III und V einwandfrei festgestellt werden, daß eine ungleichmäßige Abkühlung der Gase stattfindet, und zwar derart, daß die Abkühlung zwischen den Meßstellen III und IV stärker ist als zwischen den Meßstellen IV und V.

Dies läßt sich dadurch erklären, daß in den unteren Teilen des Kamines mit den größeren Mantelflächen eine größere Wärmemenge durch Strahlung an die Außenluft abgegeben wird, als in den oberen Teilen mit den kleineren Umfangflächen und daß ferner in den höher gelegenen Teilen des Schaftes die Fortpflanzung der Wärme im Mauerwerk selbst eine gleichmäßigere Durchwärmung des Mauerwerkes bedingt, die durch die isolierende Wirkung der an der Außenfläche des Kaminmantels hochsteigende, längs dieses Weges sich erwärmende Außenluft noch erhöht wird.

Außentemperatur und Wind bedingen den Grad der Abkühlung, der aber erheblich geringer ist, als allgemein angenommen wird. Dabei ist zu bemerken, daß starke Temperaturschwankungen der Außenluft (vgl. Abb. 29) keine plötzliche Änderung des Abkühlungsgrades bedingen, da die Mauerwerksmassen dieselben nur langsam in das Innere des Kamines weiterleiten: aus dem gleichen Grunde machen sich auch Änderungen in der Windstärke nur allmählich hinsichtlich der Rauchgasabkühlung geltend. Analog treten die stärksten Abkühungen bei wachsender Abgastemperatur der Feuerungen ein, weil dann das Mauerwerk mehr Wärme absorbiert, während eine Abnahme in der Abgastemperatur eine schwächere Abkühlung derselben im Kamin verursacht, weil dann die auf die vorher vorhandenen höheren Wärmegrade der Rauchgase eingestellten Mauerwerksmassen unter Umständen sogar noch Wärme an die Rauchgase abgeben werden.

Daß naturgemäß bei dem Grade der Abkühlung auch die durchfließende Gasmenge mitbestimmend ist, braucht wohl keiner besonderen Erwähnung. Eine große Menge Gas wird sich unter gleichen Verhältnissen weniger abkühlen, als eine geringere Menge.

Als stärkste Abkühlung wurde am 1. November 1922 bei einer

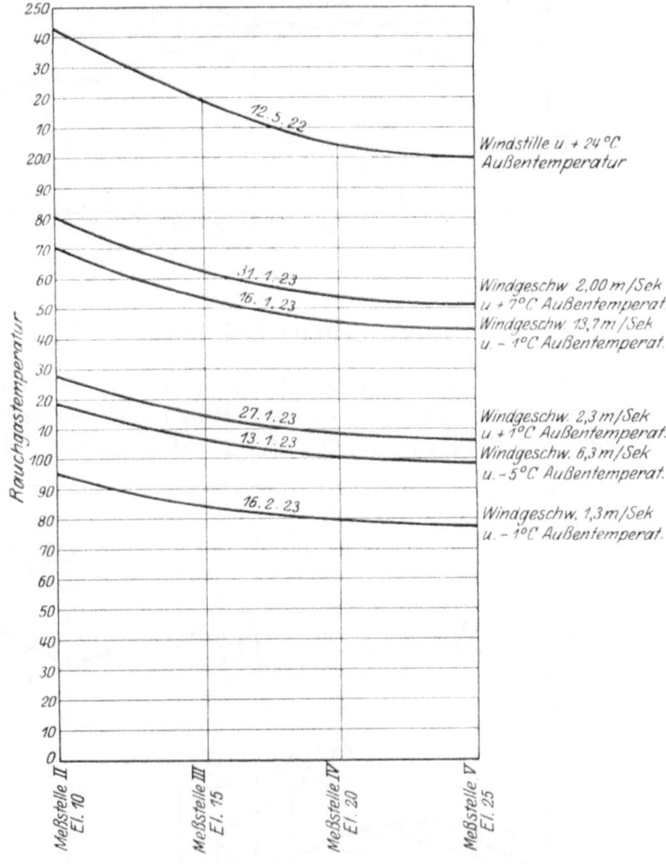

Abb. 30. Abkühlung der Rauchgase zwischen den Meßstellen II und V.

Tagestemperatur von 8° C zwischen den Elementen 15 und 20 eine Differenz von 25° C und zwischen den Elementen 20 und 25 eine solche von 12° C festgestellt, wobei zwei Kessel mit vier Rosten mäßig stark betrieben wurden; es würde das auf die Strecke zwischen III und IV eine Temperaturabnahme von etwa 1° C/stgdm und zwischen IV und V seine solche von etwa 0,5° C/stgdm bedeuten. Durchweg kann jedoch, wie die graphische Darstellung zeigt, mit einer erheblich geringeren (Abb. 30), meist nur die Hälfte der vorstehend angegebenen Abkühlung gerechnet werden.

Die Annahme Jahrs, daß die Rauchgase sich von der Kaminachse aus gegen den Mantel zu sehr stark abkühlen und demzufolge im Mantel keine großen Temperaturunterschiede auftreten können, konnte eine Bestätigung nach den in den verschiedenen Diagrammen gegebenen Aufzeichnungen und den vorstehend gegebenen Tabellenwerten nicht finden.

Da zwischen der angrenzenden Rauchgasschicht und der Innenfläche des Futters kein nennenswerter Wärmeabfall zu beachten ist (vgl. die Temperaturdiagramme), so kann im Gegenteil behauptet werden, daß eine beträchtliche Abkühlung der Rauchgase von der Achse des Kamines gegen das Mauerwerk zu bei doppelmanteligen Schornsteinen nicht stattfindet.

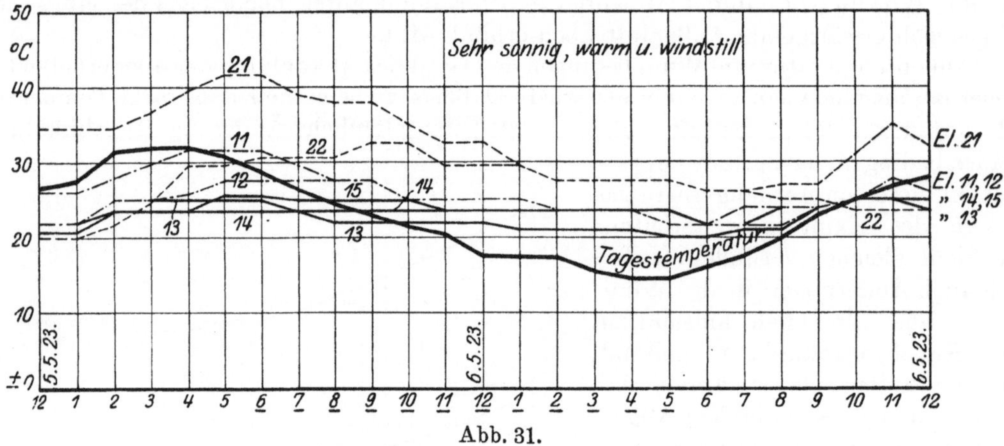

Abb. 31.

Temperaturdifferenzen im Mantel und Futter.

Für die Berechnung der durch Wärme verursachten Spannungen im Mantel ist es erforderlich, zunächst die im Mauerwerk infolge der verschiedenen atmosphärischen Einflüsse zutage tretenden Temperaturunterschiede zu kennen.

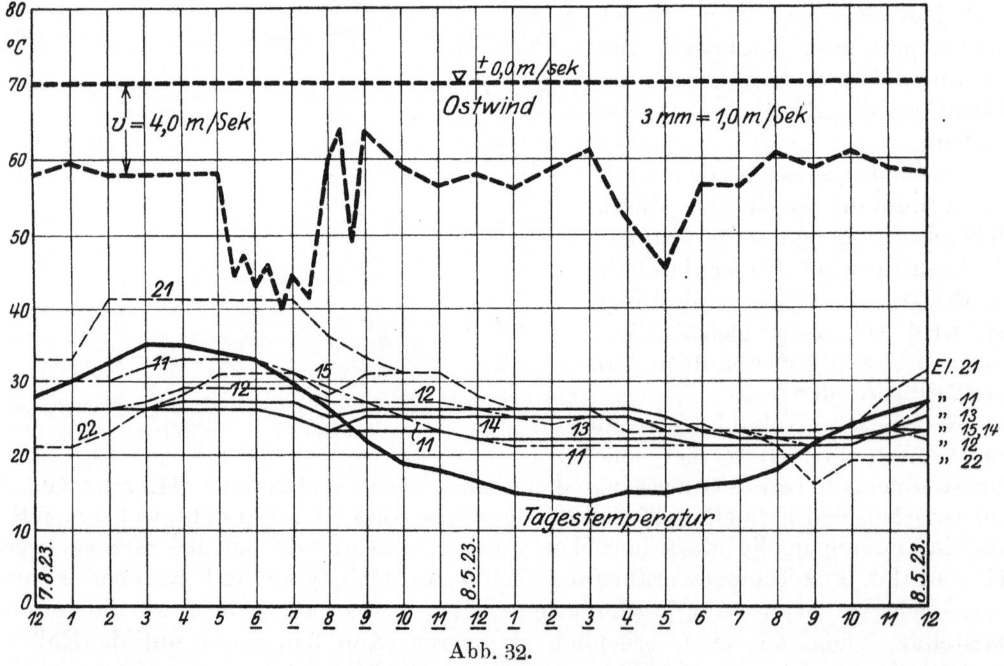

Abb. 32.

Zur Beurteilung der bei betriebenem Kamin entstehenden Temperaturdifferenzen ist es wünschenswert zu untersuchen, welche Wärmeverhältnisse an dem außer Betrieb befindlichen Kamin unter dem Einfluß der Tagestemperatur und Witterungseinflüsse auftreten. Diese Beobachtungen wurden im Mai 1923 angestellt, wobei die Messungen erst nach zehn Tagen der Außerbetriebsstellung des Schornsteins erfolgten, nachdem die sich im unteren Teil der Kaminröhre abgelagerte Flugasche entsprechend abgekühlt hatte.

Auf Abb. 31 ist zu erkennen, daß die Temperaturen der Außenfläche mit den Tagestemperaturen fallen und steigen, daß besonders bei Sonnenbestrahlung eine erhebliche Temperatursteigerung der Oberfläche zu verzeichnen ist, die erheblich über die Tem-

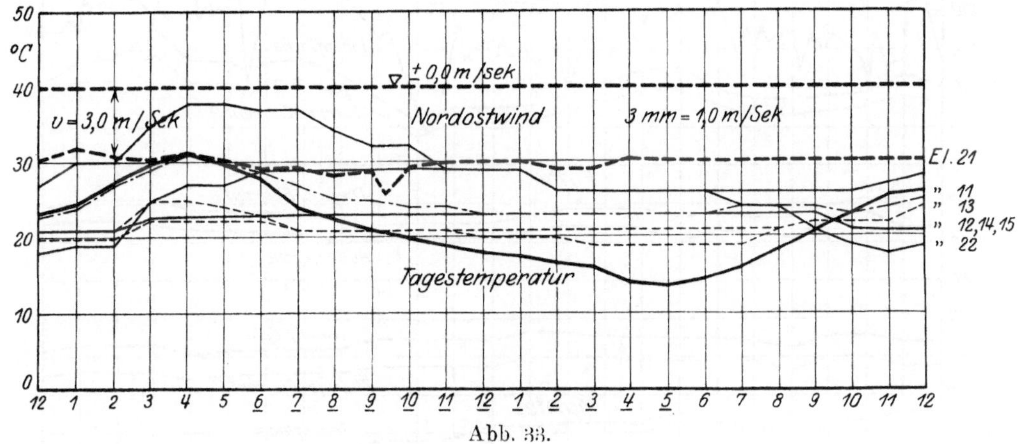

Abb. 33.

peratur der Außenluft hinausgehen kann. Die Steigerung der Oberflächentemperatur erfolgt jedoch nicht gleichzeitig mit der Tagestemperatur, sondern liegt um Stunden gegen diese zurück. Der höchsten Tagestemperatur zwischen 3 und 4 Uhr nachmittags entspricht z. B. die höchste Oberflächentemperatur erst zwischen 5 und 6 Uhr nachmittags; um diesen Zeitabstand verschoben, verlaufen Tagestemperatur und Ober-

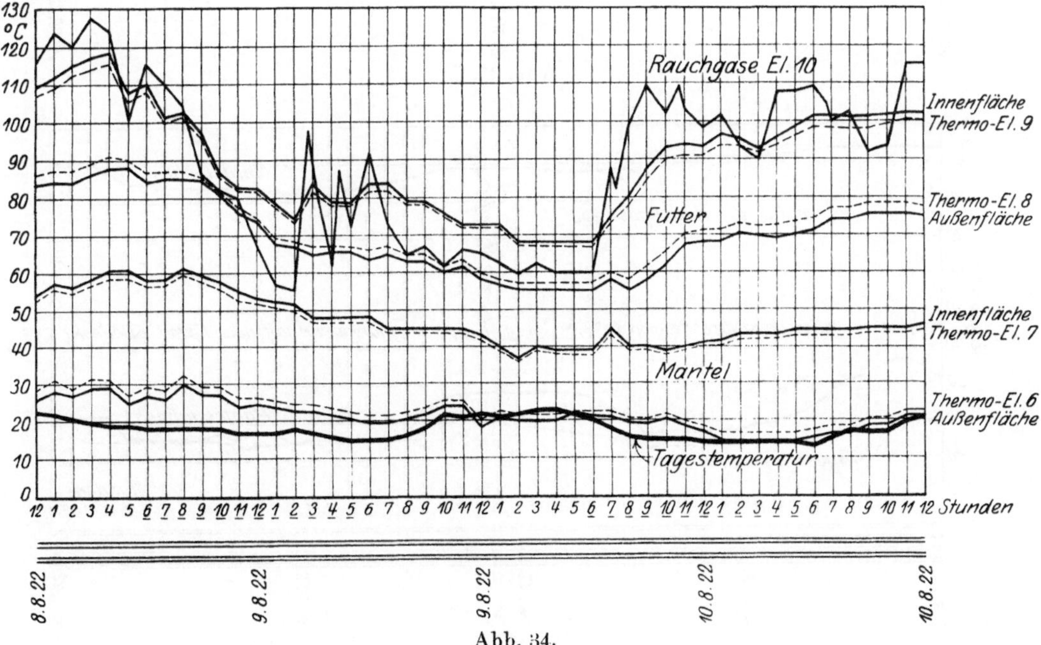

Abb. 34.

flächentemperatur nahezu parallel. Analog folgt auch die Temperatur der Innenfläche des Eisenbetonmantels der Tagestemperatur, nur daß hier der Zeitabstand noch größer ist und die Temperatur selbst schon erheblich weniger von der Außentemperatur abhängig ist. Mit dem Tiefersinken der Tagestemperatur fallen die Oberflächentemperaturen — die der Außenfläche stärker als die der Innenfläche - bis beide sich während der Nacht ausgleichen, um sich in den Morgenstunden wieder zu trennen. Das Futter selbst wird durch die Tagestemperatur nur unwesentlich beeinflußt.

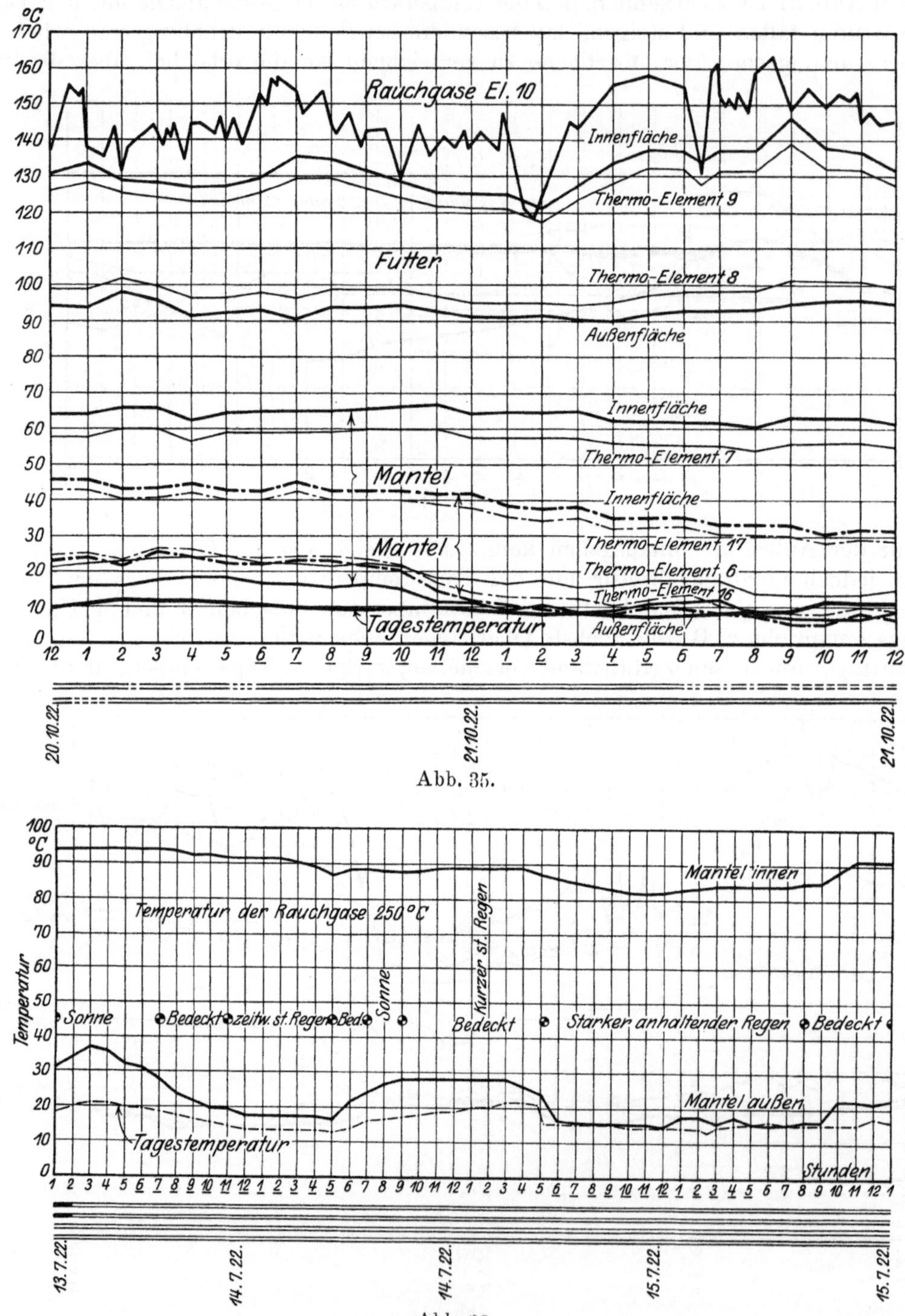

Abb. 35.

Abb. 36.

Bei vorbeistreichendem Wind (Abb. 32) ergeben sich die gleichen Verhältnisse, nur werden hier die Temperaturdifferenzen größer — obwohl die Tagestemperaturen fast gleich sind — und die Abkühlung und damit der Ausgleich der Differenzen erfolgt rascher.

Auf der Leeseite bedingt Wind (Abb. 33) außer etwas rascherem Ausgleich keine Abweichung gegen die Verhältnisse der Abb. 31.

Wie bei kaltem Schornstein durch die Tagestemperatur und die Sonnenbestrahlung der Eisenbetonmantel stärker beeinflußt wird, als das Futter, besonders wenn dieses noch durch eine Luftschicht vom Mantel getrennt ist, so folgt analog, daß bei betriebenen Kaminen das Futter stärker den Schwankungen der Heizgastemperaturen unterworfen ist als der Mantel (vgl. Abb. 34 u. 35).

Da nun die Außenfläche des Mantels mehr den Einflüssen der Außenluft und die Innenfläche des Futters den Abgasen stärker unterworfen ist, so werden sich, wenn sich für eine bestimmte Abgastemperatur und eine bestimmte Temperatur der Außenluft ein gewisser Gleichgewichtszustand, bzw. Wärmeabfall im Mantel und Futter herausgebildet hatte, die größten Temperaturdifferenzen im Mantel bei raschem Sinken der Außen-

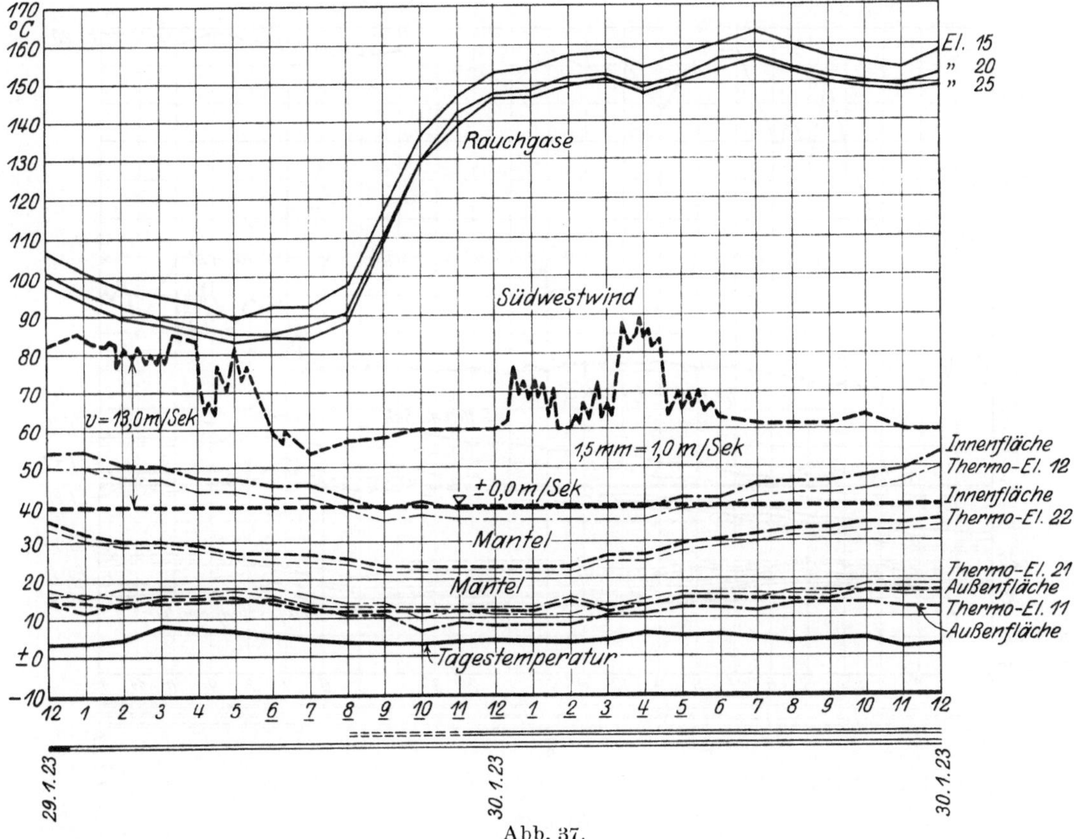

Abb. 37.

temperatur und im Futter bei plötzlichem Anwachsen der Gastemperatur einstellen (vgl. Abb. 35—39). Da für die nachstehende Betrachtung in der Hauptsache nur der Mantel in Frage kommt, so sollen in der Folge kurz die Einflüsse der Atmosphäre auf den Mantel auf Grund gemachter Beobachtungen und Messungen geschildert werden.

Einfluß der Sonnenbestrahlung. Direkte Sonnenbestrahlung hat auf das getroffene Mauerwerk (Abb. 36) des betriebenen Kamines den gleichen Einfluß wie auf das des außer Betrieb befindlichen: sie steigert die Temperatur der Außenfläche des Mantels erheblich über die Tagestemperatur und bringt gleichzeitig auch eine, wenn auch geringe Zunahme der Innentemperatur des Mantels mit sich. Mit dem Aufhören der Sonnenbestrahlung sinkt dann die Außentemperatur des Mantels und nähert sich mit zunehmender Abkühlung immer mehr der Tagestemperatur, mit der sie meist in den Morgenstunden ihren tiefsten Stand erreicht. Da bei betriebenem Kamin die Innentemperatur des Mantels nur sehr langsam folgt, so wird sich die größte Temperaturdifferenz im Mantel zur Zeit der niedrigsten Außentemperatur, das ist in den frühen Morgenstunden, ergeben. Die größten

Wärmespannungen im Mantel werden daher in der Jahreszeit auftreten, in der die größten
Unterschiede in der Tagestemperatur sich zeigen, also weder im heißen Sommer mit
seinen warmen Nächten, noch im Winter mit den niedrigen Tagestemperaturen, sondern
im Frühjahr oder Herbst, wenn auf sonnige und heiße Tage Nachtfröste folgen. Bei den
auf Abb. 36 gegebenen Aufzeichnungen für 13. Juli beträgt z. B. der größte Tagestempera-
turunterschied der Außenluft nur $21 - 13 = 8^0$ C, während nach Abb. 32 dieselbe für
7. Mai schon $35 - 15 = 20^0$ C beträgt. Es würde sich also im letzten Falle unter Zugrundelegung der Temperaturverhältnisse vom 14. 7. 22, morgens 2 Uhr, eine Temperaturdifferenz im Mantel von maximal $\sim 73 + (20-8) = \sim 85^0$ C ergeben, wenn unter
gleichen sonstigen Verhältnissen nur die Tagestemperatur vom 7. Mai angenommen
wurde.

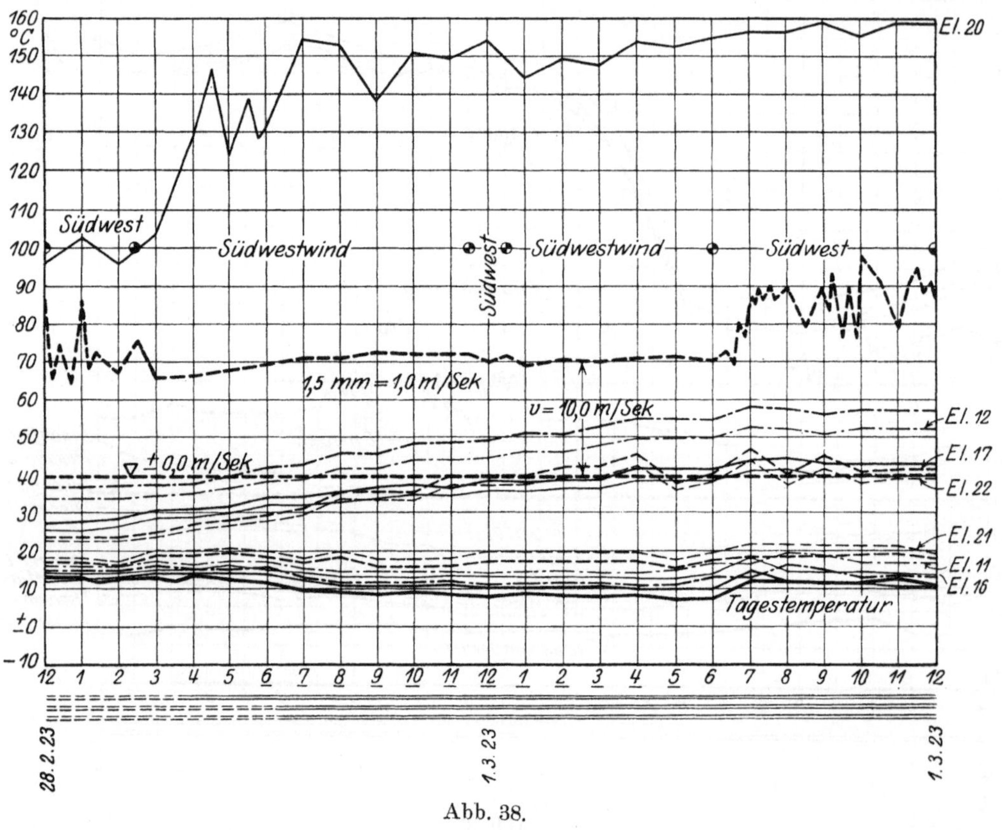

Abb. 38.

Bei bedecktem Himmel folgt die Außentemperatur des Mantels nahezu parallel der
Tagestemperatur. Abweichungen hiervon sind durch zeitweisen Sonnenschein oder
plötzliche Temperaturänderungen der Außenluft, die natürlich in dieser jähen Folge
vom Mauerwerk nicht mitgemacht werden können, bedingt.

Einfluß von Regen: Regen bedingt für das betrachtete Mauerwerk (vgl. Abb. 36)
stets eine erhebliche Erniedrigung der Temperatur der Außenfläche des Mantels und in
geringem Maße auch eine solche der Temperatur der Innenfläche. Die Außentemperatur
des Mantels sinkt dabei nahezu auf die Tagestemperatur, erreicht aber nach kurzen
Regengüssen verhältnismäßig rasch wieder die Temperatur vor dem Regen. Starke,
anhaltende Regenfälle bedingen für die ganze Dauer derselben eine ständige Ablenkung
der Temperatur der Mantelaußenfläche bis auf die Tagestemperatur.

Einfluß des Windes: Der Wind ist hinsichtlich seines Einflusses auf den Wärmeabfall im Mauerwerk von verschiedener Wirkung, je nachdem er für den betrachteten
Mauerwerksteil

a) als tangierend, streichend,
b) als anstehend (das betrachtete Mauerwerk liegt auf der Luvseite),
c) als saugend (das betrachtete Mauerwerk liegt auf der Leeseite)
in Frage kommt.

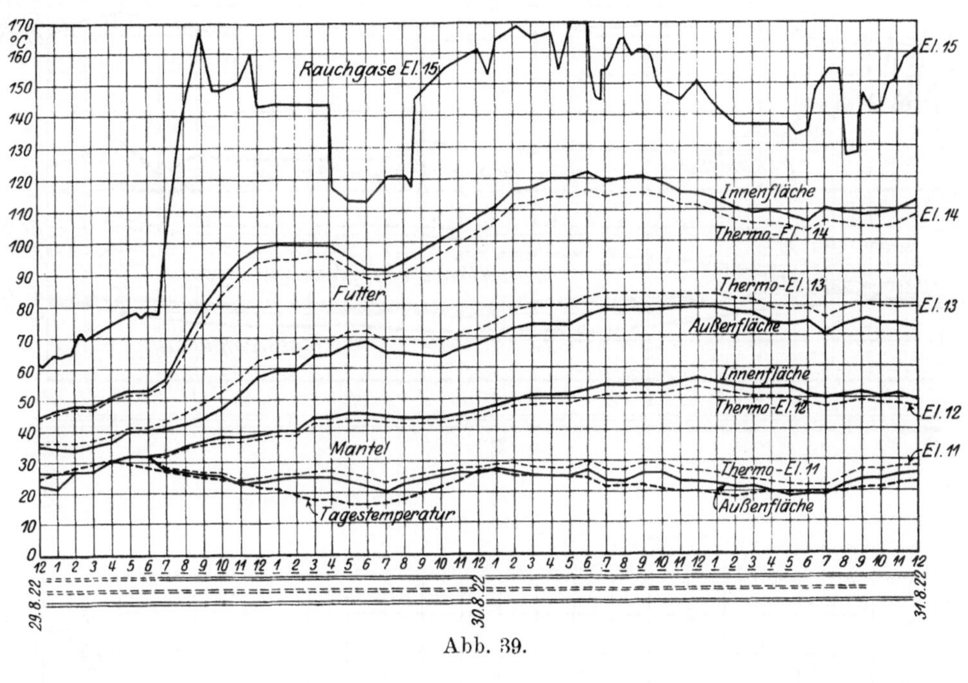

Abb. 39.

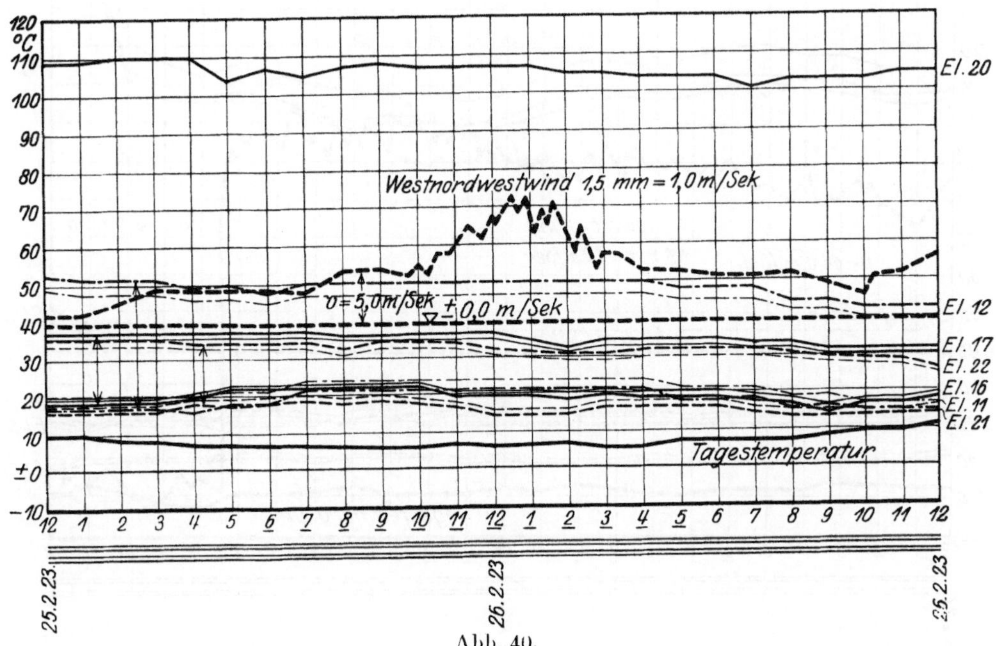

Abb. 40.

Der tangierend streichende Wind hat auf die Manteltemperatur den größten Einfluß. Er führt die durch Strahlung der Kaminwandung erwärmten Luftschichten, die gegen die sonstige Außenluft eine gewisse Isolierung bilden würden, ständig weg, so daß der Kaminmantel dauernd mit der Außenluft direkt in Berührung kommt, wodurch es sich erklärt, daß ähnlich wie bei anhaltendem Regen die Temperatur der Mantelaußen-

fläche sich sehr stark der der Außenluft nähert (vgl. Abb. 38, 40, 41, 42 u. 43). Als auf-
fällig zeigt sich dabei, daß der Wind aber nicht eine Vergrößerung der Temperaturdifferenz

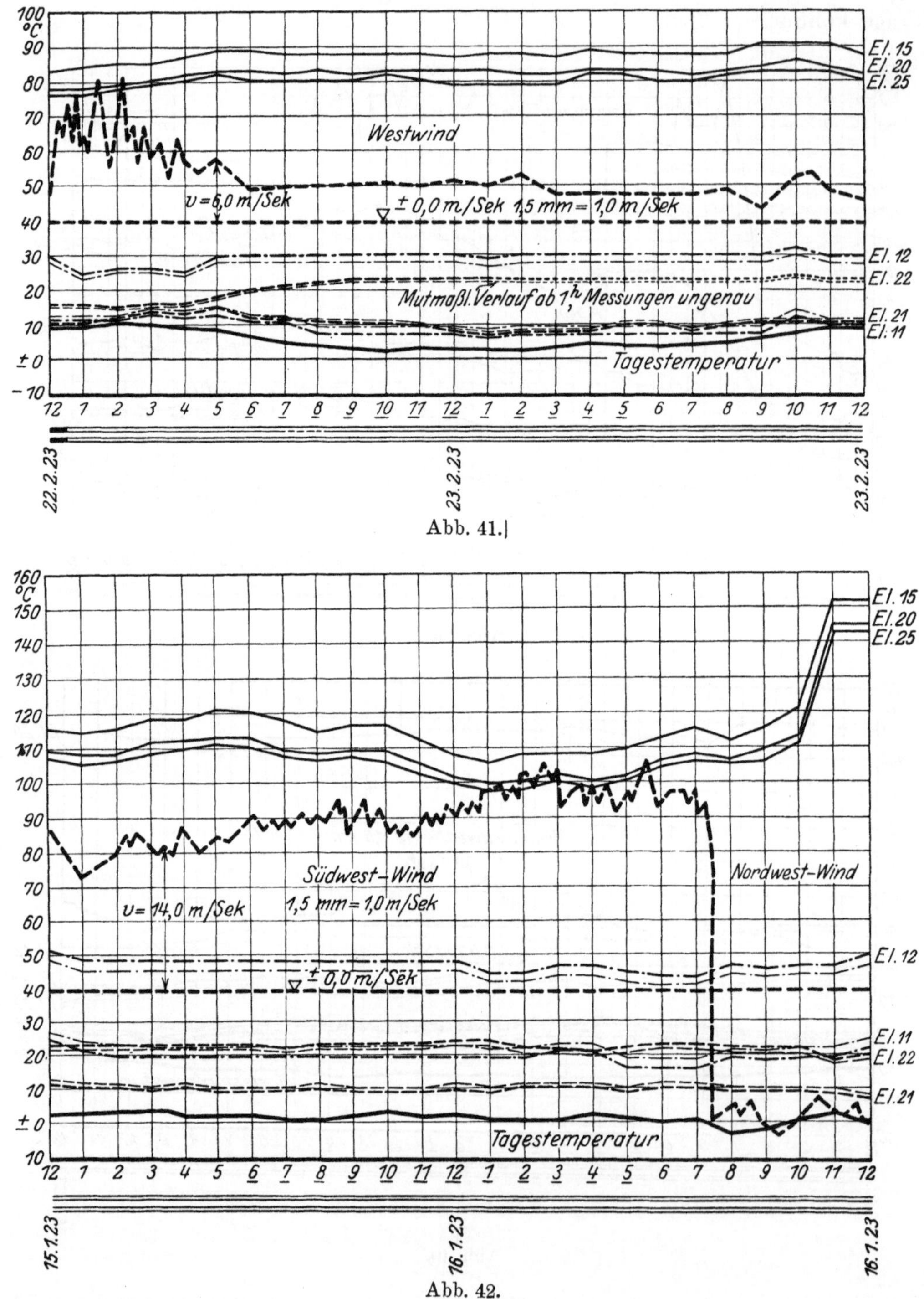

Abb. 41.|

Abb. 42.

im Mantel zur Folge hat, sondern gegenteilig eine Verringerung derselben bedingt, die
dadurch entsteht, daß auch die Innentemperatur des Mantels erniedrigt wird, weil eben
der Mantel infolge der ständigen Entführung der Strahlungswärme durchaus mehr abgekühlt wird.

Der anstehende Wind bedingt in seiner Wirkung ein Steigen der Temperatur der Innenfläche des Mantels (vgl. Abb. 44) und vergrößert dadurch anscheinend in ge-

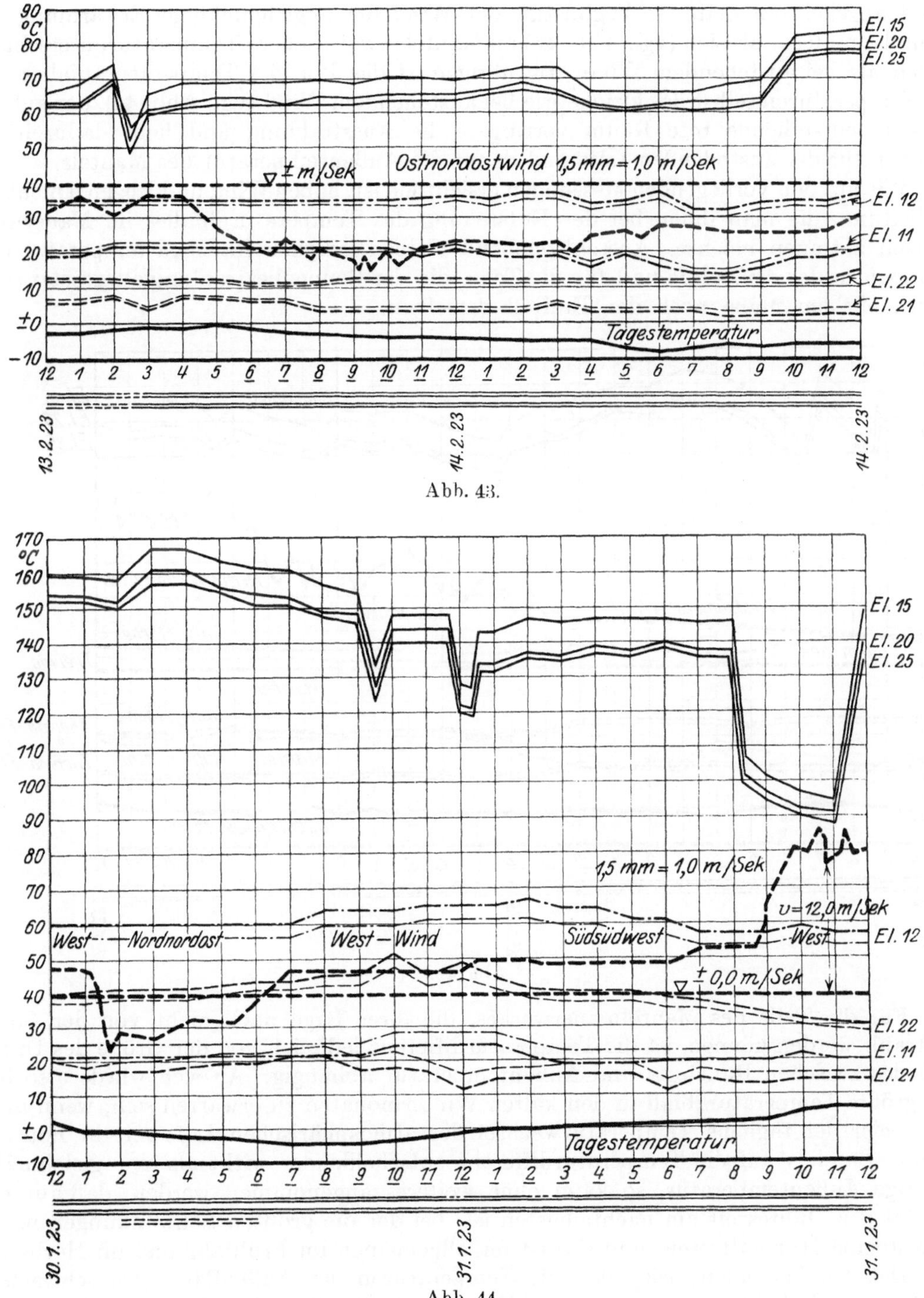

Abb. 43.

Abb. 44.

ringem Maße die Temperaturdifferenz im Mantel. Die an der Mantelfläche sich erwärmenden Luftschichten werden nicht, wie beim vorbeistreichenden Wind, weggeführt, sondern werden bei senkrecht anstehendem Wind festgehalten, die Temperatur der Außenfläche bleibt ziemlich konstant, die der Innenfläche muß infolge des verringerten Wärmedurchganges in die Höhe gehen. Auf Abb. 45 wechselt anstehender und schwach tangierender Wind ab, die Wirkung ist leicht ersichtlich.

Befindet sich der fragliche Mauerwerksteil auf der Leeseite, auf der vom Wind abgekehrten Seite, so begünstigt der Wind die ungleichmäßige Erwärmung des Mantels insofern, als sich (vgl. Abb. 46) im Mantel etwas größere Temperaturunterschiede zeigen als bei anstehendem Wind. Im übrigen ist das Bild des Temperaturabfalles und der Temperaturen selbst das gleiche wie bei anstehendem Wind (vgl. Abb. 44), der auf der Leeseite entstehende tote Raum verringert die Ausstrahlung und hebt dadurch die Temperatur der anstoßenden Luft und damit die Außentemperatur des Mantels.

Wie aus den vorliegenden Messungen ersichtlich ist, haben Wind und Regen[1]) nicht die Bedeutung, die man ihnen bei der Entstehung des Temperaturabfalles im Mauerwerk an sich zutrauen möchte. Ausschlaggebend bleiben lediglich Rauchgastemperatur und Temperatur der Außenluft und für die Teile, die der Sonnenbestrahlung ausgesetzt sind, in erheblichem Maße noch der Einfluß derselben.

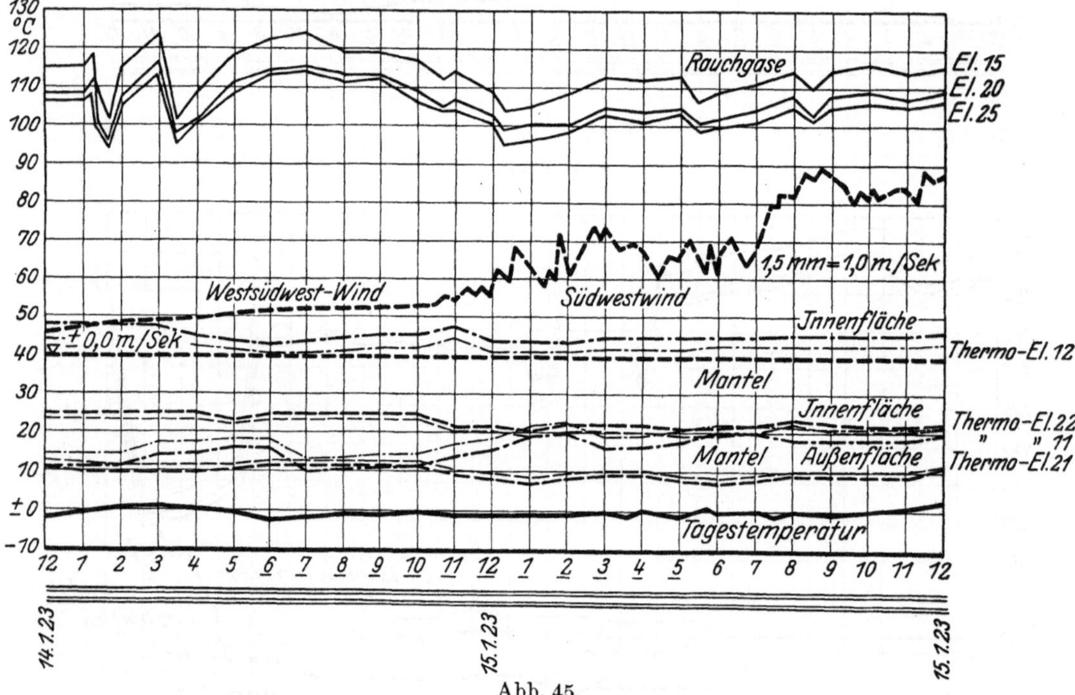

Abb. 45.

Für die Teile des Mantelmauerwerkes, die ihrer Lage nach nicht von der Sonne bestrahlt werden können, ist die Temperaturdifferenz lediglich von der Größe des Unterschiedes zwischen Rauchgas und Außentemperatur abhängig. An sich würde also hier der größte Temperaturabfall in den kalten Wintermonaten zu erwarten sein, wenn nicht auch hier der tägliche Temperaturwechsel der atmosphärischen Luft mit in Betracht käme. Da dies auf die Temperaturdifferenz entscheidender wirkt als eine gleichmäßig niedrige Außentemperatur, so kann ohne weiteres angenommen werden, daß für den Mantel jene Jahreszeit am nachteiligsten ist, bei der die größten Schwankungen in der Tagestemperatur auftreten, und das ist im allgemeinen im Frühjahr und im Herbst.

Daß bei fast allen Beispielen die Temperaturen der Außenfläche bei schwachem Wind und Windstille mit zunehmender Höhe der Meßstellen über Terrain mehr von der Tagestemperatur abweichen, ist damit zu erklären, daß die an der Oberfläche des Kamines erwärmten Luftschichten an der Wand hochsteigen, sich dabei ständig noch weiter erwärmen und dadurch eine weitere Isolierung zwischen Außenluft und Kaminmantel

---

1) Sofern es sich nicht um starken kalten Schlagregen handelt.

bilden, wobei ferner noch zu beachten ist, daß die oberen Teile des Mantels neben der horizontalen Wärmestrahlung auch noch durch die in senkrechter Richtung erfolgende Wärmefortpflanzung im Mauerwerk beeinflußt werden, so daß mit zunehmender Entfernung von der Einmündungsstelle des Fuchses eine gleichmäßigere Durchwärmung des ganzen Mantels stattfindet und deshalb die Temperaturunterschiede zwischen Außen- und Innenfläche des Mantels, nicht zuletzt auch mit Rücksicht auf die im Innern der Kaminröhre erfolgende Abkühlung der Rauchgase geringer werden müssen.

Die auf Seite 38 gegebene Zusammenstellung der Temperaturverhältnisse über das ganze Kaminmauerwerk bei bedecktem Himmel (ohne Sonnenbestrahlung) und nahezu völliger Windstille, läßt erkennen, welchen Unterschied bei gleichen Heizgastemperaturen lediglich die Temperatur der Außenluft ausmacht.

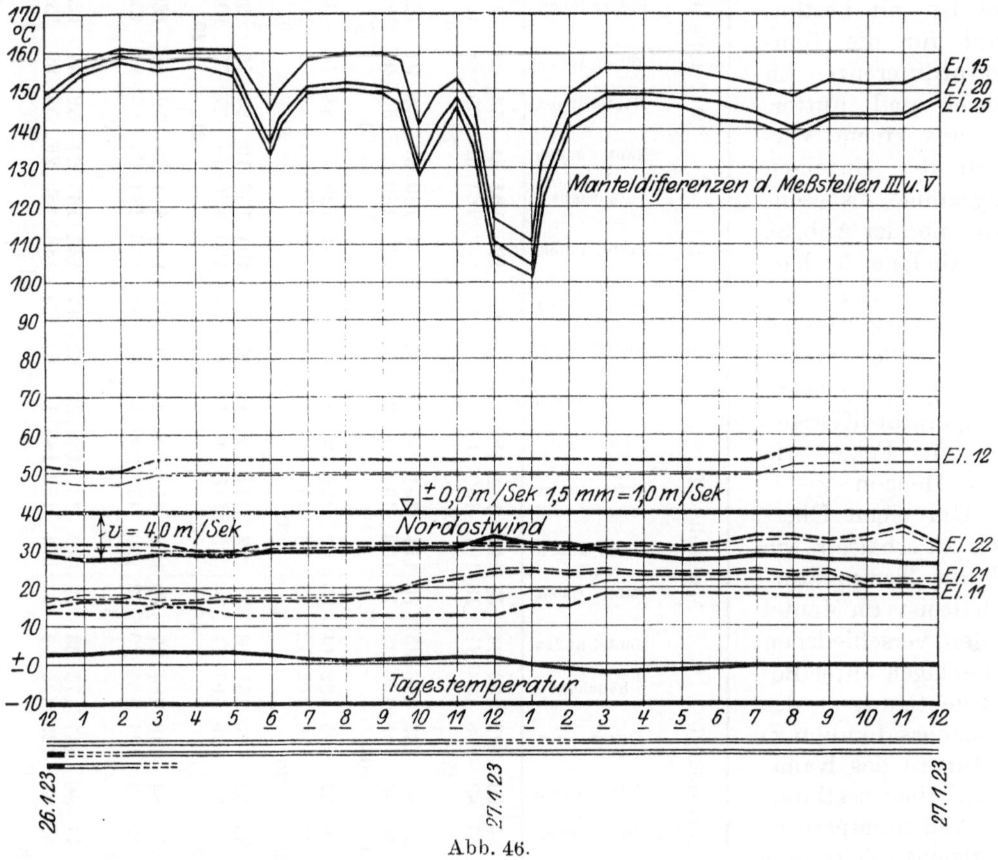

Abb. 46.

Bei einer Temperatur der Außenluft vom 21. 7. 22 gegen den 5. 3. 23 zu 24° C folgt im ungünstigsten Fall ein Zuwachs der Temperaturdifferenz im Mantel um 16° C, nämlich von 47 auf 63° C für den 25 cm starken Teil und von ca. 10° C im 15 cm starken Schaft, das ist für den 25 cm starken Teil etwa $^2/_3$ und für den 15 cm starken etwa $^2/_5$ der Unterschiede in der Tagestemperatur. Nimmt man als tiefste Temperatur etwa — 15° C an, so kann, wenn z. B. 25° C die höchste Tagestemperatur darstellt, mit einem Unterschied der Tagestemperatur zwischen Sommer und Winter zu 40° C gerechnet werden. Von den während der heißen Jahreszeit gemachten Messungen kann also ohne weiteres auf die Temperaturdifferenz im Winter geschlossen werden. Für 40° C Jahrestemperaturdifferenz würde dies für den 25 cm starken Schaft einen Zuwachs von 26° C und für den 15 cm starken ungünstigstenfalls einen solchen von 16° C bedeuten. Zieht man jedoch die Ergebnisse der Abb. 36 in Betracht, wo ein Wechsel in der Außenluft zwischen Tag und Nacht (bei Sonnenbestrahlung des Mauerwerks) von nur 8° C für den 15 cm starken Schaft bereits einen Zuwachs von 16° C bedingt, so ist erwiesen, daß Frühjahr und Herbst die größten Temperaturdifferenzen und demnach auch die größten Wärmespannungen im Kaminmantel bedingen (vgl. Abb. 36 und Tafel 3).

Auch die Menge der durch den Kamin abgeführten Rauchgase ist mit bestimmend für die Temperaturdifferenzen im Mantel und Futter, wie aus einem Vergleich der einzelnen Diagramme, insbesondere jener der Abb. 36 und Beilage 3 hervorgeht. Unter sonst gleichen Verhältnissen haben große Rauchgasmengen größere Temperaturdifferenzen zur Folge wie kleine Mengen.

Um einen Überblick zu erhalten, wie sich die Temperaturverhältnisse im Mantel in den verschiedenen Höhenlagen unter Berücksichtigung der Rauchgasabkühlung im Innern des Kamines bei einer bestimmten Außentemperatur im gleichen Zeitpunkt verhalten, sollen im nachstehenden die Temperaturdifferenzen auf diejenigen der Meßstelle III — mit der größten gemessenen Differenz — bezogen werden (vgl. Seite 39). Unter Zugrundelegung der Angaben auf Seite 38 ergibt sich dann nebenstehende Zusammenstellung:

Die fettgedruckten (ersten) Zahlen stellen die Angaben der Thermoelemente dar, gelten also für die 1,5 cm unter den Oberflächen gelegenen Schichten. Die Rauchgas-Temperaturen der Meßstelle II sind errechnet.

Meßstelle	Schicht						
	Zahl der Kessel	3	4	2	2	3	3
V	Rauchgas	150 150	167 167	120 120	124 124	171 171	157 157
	Futter innen	120 126	122 127	96 100	98 104	128 133	124 130
	(Differenz)	36	35	29	30	41	39
	Futter außen	94 90	96 92	74 71	76 74	97 92	95 91
	Mantel innen	58 61	59 62	34 37	34 37	53 57	49 53
	(Differenz)	32	32	25	24	36	32
	Mantel außen	32 29	33 30	14 12	15 13	24 21	24 21
IV	Rauchgas	152 152	168 168	120 120	126 126	174 174	160 160
	Futter innen	118 124	122 127	96 100	98 102	129 135	125 130
	(Differenz)	36	37	29	29	44	41
	Futter außen	93 88	94 90	74 71	76 73	96 91	97 89
	Mantel innen	53 55	54 56	33 35	34 37	52 55	52 55
	(Differenz)	21	21	20	21	30	29
	Mantel außen	36 34	37 35	17 15	19 16	28 25	29 26
III	Rauchgas	161 161	180 180	129 129	136 136	181 181	169 169
	Futter innen	126 133	131 137	101 108	104 109	136 143	133 140
	(Differenz)	43	46	37	36	55	51
	Futter außen	94 90	96 91	75 71	77 73	95 88	95 89
	Mantel innen		65 69	44 47	39 42	60 65	62 67
	(Differenz)	38	40	35	29	50	52
	Mantel außen		33 29	15 12	16 13	20 15	20 15
II	Rauchgas	182 182	205 205	137 137	132 146	200 200	183 183
	Futter innen	144 150	151 157	111 115	114 118	152 157	147 152
	(Differenz)	43	49	32	33	37	28
	Futter außen	112 107	114 108	87 83	89 85	124 120	129 124
	Mantel innen	75 78	76 79	50 53	51 54	79 83	79 83
	(Differenz)	47	47	41	40	63	64
	Mantel außen	34 31	35 32	14 12	16 14	27 20	23 19
I	Rauchgas	153 153	166 166	102 102	107 107	184 184	174 174
	Futter innen	105 106	105 106	75 76	77 78	118 121	117 129
	(Differenz)	17	20	20	21	39	45
	Futter außen	90 89	87 86	57 56	58 57	84 82	86 84
	Mantel innen	56 57	54 55	30 31	30 31	41 42	41 43
	(Differenz)	26	29	20	19	26	28
	Mantel außen	32 31	27 26	12 11	13 12	17 16	16 15
	Wetter	bedeckt windstill	bedeckt windstill	bedeckt leichter Süd-West	bedeckt leichter Süd-West	bedeckt fast windstill	bedeckt fast windstill
	Tagestemperatur	25° C	24° C	0° C	7° C	0° C	0° C
	Stunde	9 Uhr	8 Uhr	8 Uhr	2 Uhr	8 Uhr	12 Uhr
	Tag	8. 7. 22.	21. 7. 22.	18. 11. 22.		5. 3. 23.	

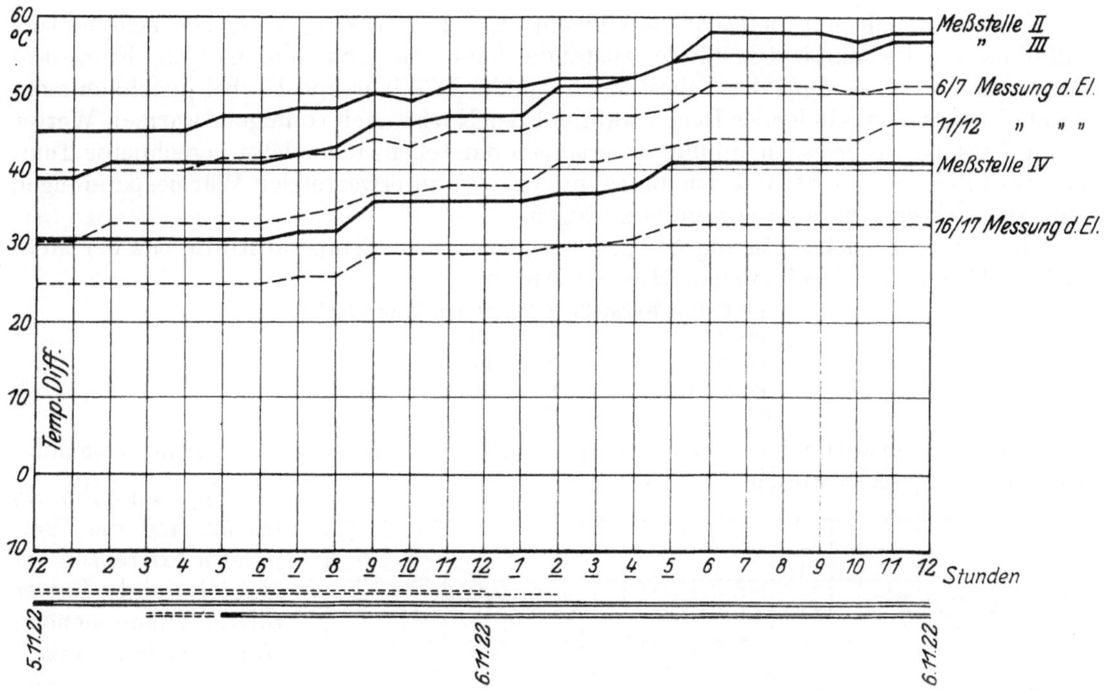

Vergleichende Zusammenstellung der Temperaturdifferenzen im Mantel in Höhe der Meßstellen II. III u. IV.

Abb. 47.

	I	II	III	IV	V
8. 7. 22	69	124	100	56	84
21. 7. 22	73	118	100	53	80
18. 11. 22	57	117	100	57	72
5. 3. 23	52	126	100	60	72
5. 3. 23	54	124	100	56	64
	305	609	500	282	372 : 5
	= 60%	120%	100%	60%	75%

(vgl. Abb. 47).

Als die größte Temperaturdifferenz im Mantel wurde für die Meßstelle III bei Abfluß der Rauchgase von 4 vollbetriebenen Kesseln — mit einer Rauchgastemperatur von ca. 250° C (die bei gut geleiteten rationell betriebenen Kesselanlagen nicht überschritten werden sollte) — am 14. 7. 22 morgens 2 Uhr ein Wert von 73° C ermittelt, so daß als Temperaturunterschiede zwischen Außenfläche und Innenfläche des Mantels folgen würden:

				Mittelwerte	Höchstwerte
Meßstelle I	bei 30 cm	Wandstärke		$73 \cdot 0{,}60 = 44^0$ C	$73 \cdot 0{,}73 = 53^0$ C
„ II	„ 25	„	„	$73 \cdot 1{,}20 = 88^0$ C	$73 \cdot 1{,}26 = 92^0$ C
„ III	„ 15	„	„	$73 \cdot 1{,}00 = 73^0$ C	$73 \cdot 1{,}00 = 73^0$ C
„ IV	„ 15	„	„	$73 \cdot 0{,}60 = 44^0$ C	$73 \cdot 0{,}60 = 44^0$ C
„ V	„ 15	„	„	$73 \cdot 0{,}75 = 55^0$ C	$73 \cdot 0{,}84 = 61^0$ C

Unter Berücksichtigung der größten Tagestemperaturunterschiede würde sich die vorstehend erwähnte gemessene maximale Temperaturdifferenz von 73° C, nach Seite 32 auf 85° C erhöhen, so daß sich bei Zugrundelegung dieses Wertes für die verschiedenen Höhenlagen und Wandstärken jeweils die nachstehenden mittleren Temperaturdifferenzen ergeben würden:

Meßstelle I	bei 30 cm	Wandstärke	$85 \cdot 0{,}60 =$	51^0 C
„ II	„ 25	„	„	$85 \cdot 1{,}20 = 102^0$ C
„ III	„ 15	„	„	$85 \cdot 1{,}00 = 85^0$ C
„ IV	„ 15	„	„	$85 \cdot 0{,}60 = 51^0$ C
„ V	„ 15	„	„	$85 \cdot 0{,}75 = 64^0$ C

Zieht man jedoch in Betracht, daß die am 14. 7. 22 gefundene maximale Temperaturdifferenz bereits durch Umstände zustande kam, die den ungünstigen Einflüssen eines starken Schwankens der Tagestemperatur im Frühjahr und Herbst gleichkommen, nämlich starker, abkühlender Regen während der Nacht nach sonnigem warmen Wetter unter Tags, so würde es ein unbilliges Verlangen darstellen, die zuletzt berechneten Temperaturdifferenzen im Mantel den Berechnungen der zu erwartenden Wärmespannungen bzw. der Dimensionierung zugrunde zu legen.

Die unter Berücksichtigung der größten gemessenen Temperaturdifferenz der Meßstellen III mit 73° C gefundenen Höchstwerte zu

55° C für Meßstelle I bei 30 cm Wandstärke
90° C   „   „   II „ 25 „   „
75° C   „   „   III „ 15 „   „
45° C   „   „   IV „ 15 „   „
60° C   „   „   V „ 15 „   „

werden den zu erwartenden größten Temperaturdifferenzen im Mantel mit hinreichender Genauigkeit gerecht werden.

In den Abb. 48 bis 52 sind die Temperaturdifferenzen im Mantel und Futter für die zukommenden Rauchgastemperaturen[1]) graphisch dargestellt. Als Unterlagen dienten Messungen in den ersten Morgenstunden (im Sommer und Herbst), an denen eine Sonnenbestrahlung der Meßstellen nicht in Betracht kommt. Die Abweichungen von der gefundenen theoretischen Differenzlinie erklären sich daraus, daß die Außentemperatur bei den Messungen verschieden und der Einfluß der jeweils herrschenden Winde nicht auszuschalten war. Die gefundene Linie gibt ungefähr den Zustand der Temperaturdifferenzen im Mauerwerk für eine mittlere Außentemperatur und Windstille an.

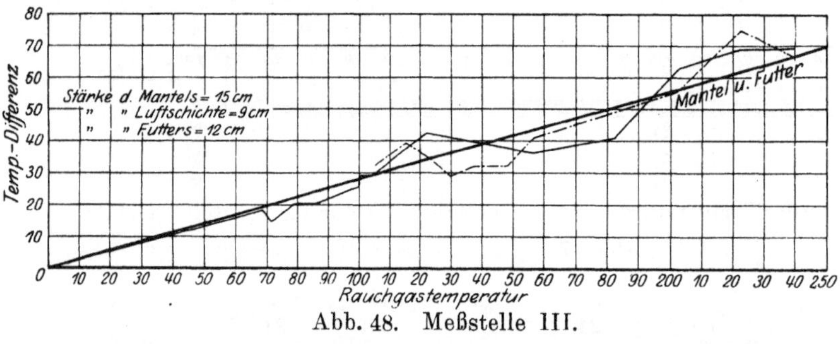

Abb. 48. Meßstelle III.

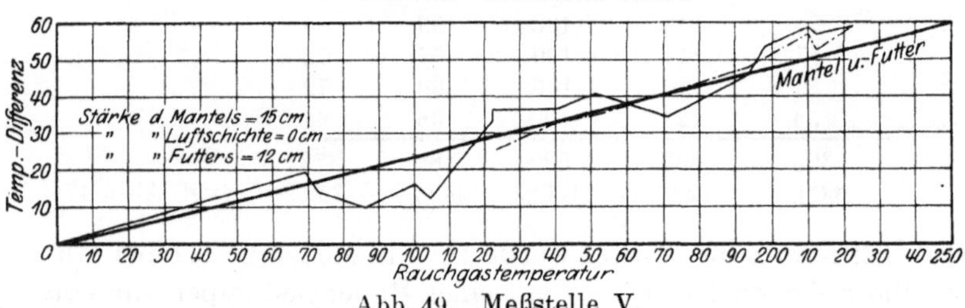

Abb. 49. Meßstelle V.

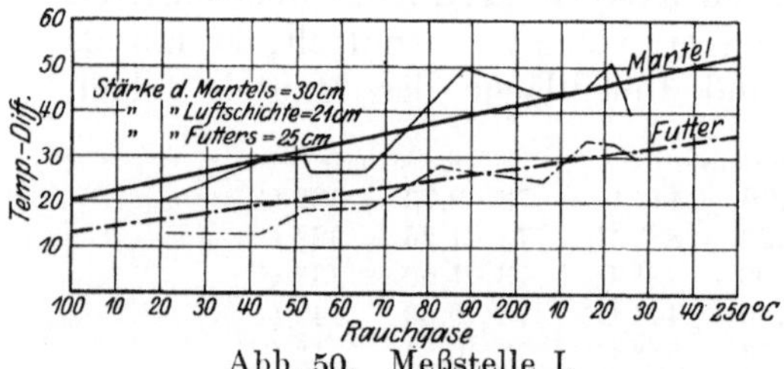

Abb. 50. Meßstelle I.

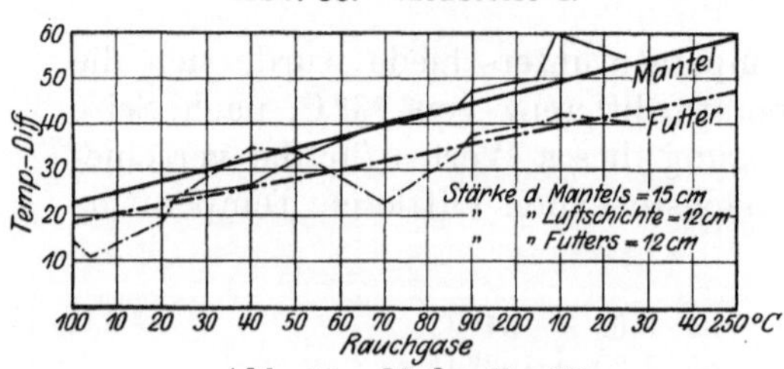

Abb. 52. Meßstelle IV.

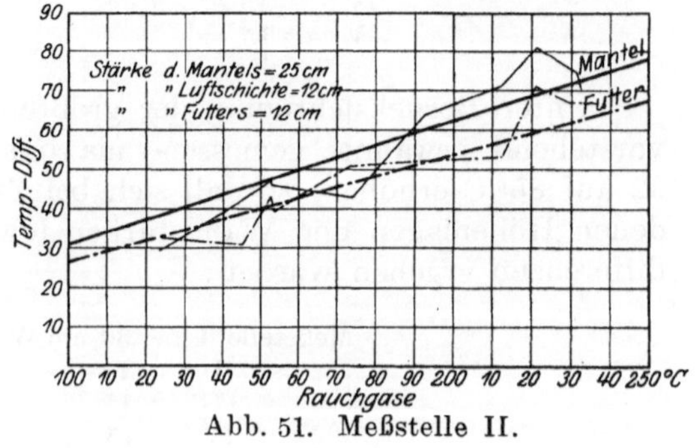

Abb. 51. Meßstelle II.

Temperaturdifferenzen im Mantel und Futter.

1) Auf Grund von Messungen bei verschiedenen Witterungsverhältnissen.

Berechnung der Wärmespannungen.

Unter den bekannten Berechnungsarten gibt zum Beispiel Saliger für den unbewehrten Betonmantel bei ungleichmäßiger Erwärmung als Druckspannung

$$\sigma_i = \frac{E \cdot \alpha \, (t' - t'')}{1 + \sqrt{m}}$$

und als Zugspannung

$$\sigma_z = \frac{\sigma_d}{\sqrt{m}}$$

an, wenn E der Elastizitätsmodul des Betons, $t' - t''$ die Temperaturdifferenz im Mantel, α der Ausdehnungskoeffizient des Betons und m die Verhältniszahl der Längs- zur Querdehnung bezeichnet. Da bei Eisenbetonmänteln allgemein die Zugspannungen von Eiseneinlagen aufzunehmen sind, müssen diese an den Außenflächen angeordnet werden (Abb. 53).

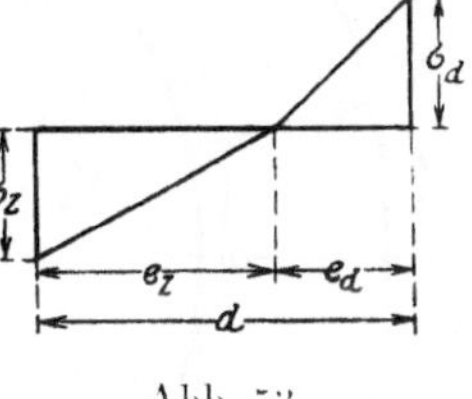

Abb. 53.

$$\text{Mit} \quad \sigma_z = \frac{E \cdot \alpha \, (t' - t'')}{\sqrt{m} \cdot (1 + \sqrt{m})} \quad \text{und} \quad e_z = \frac{d \sqrt{m}}{1 + \sqrt{m}}$$

ist die gesamte Zugkraft im Querschnitt des Mantels S_z.

Da den Eiseneinlagen die Zugkraft allein zugewiesen wird, so ergibt sich diese zu

$$S_z = \frac{\sigma_z \cdot l_z}{2} = \frac{E \cdot \alpha \, (t' - t'') \, d}{2 \, (\sqrt{m} + 1)^2}$$

und es folgt als Spannung in den Eiseneinlagen infolge der im Mantel herrschenden Temperaturdifferenz

$$\sigma_e = \frac{E \cdot \alpha}{2 \, (1 + \sqrt{m})^2} \cdot \frac{(t' - t'')}{\mu}, \quad \text{wenn} \quad \frac{fe}{d} = \mu \, .$$

Die zur Vermeidung von Rissen erforderliche Mindestbewehrung wird demnach

$$\mu = \frac{E \cdot \alpha \, (t' - t'')}{2 \, (1 + \sqrt{m})^2 \cdot \sigma_e} \, .$$

Saliger läßt dabei für die lotrechte Bewehrung eine Beanspruchung von 1000 kg/cm² und für die Ringbewehrung eine solche von 1600 kg/cm² zu.

Jahr, der die Temperaturdifferenz im Mantel als sehr gering mit nur 10—20° C angibt, berechnet die Ringspannung im Beton infolge Wärme unter Zugrundelegung des Proportionalitätsgesetzes für den Beton zu

$$S = E \cdot \alpha \, (t_i - t_a) \, .$$

Die Bedeutung der Wärmespannungen, die bisher infolge Unterschätzung der Temperaturdifferenzen im Mantel nicht genügend gewürdigt wurde, verlangt, daß auf ihre genaue Ermittlung mehr als bisher Wert gelegt wird.

Föppl gibt im Band V „Höhere Statik und Festigkeitslehre" eine genaue Abhandlung über die Berechnung der Wärmespannungen im Hohlzylinder aus homogenem Material. Löser, Dresden, leitet im „Beton und Eisen" Jahrgang 22, Heft 1 die Wärmespannung für Flüssigkeitsbehälter ab und Dr. Lewe, Berlin, gibt im „Bauingenieur Jahrgang 22, Heft 17" eine Berichtigung der von Löser angegebenen Berechnungsweise auf Grund der von Föppl aufgestellten Theorie, nach welcher die Berechnung der Betonzugspannungen von Löser als zu ungünstig erwiesen wird.

Nach Föppl, Band V, sind die durch Wärmeunterschiede im Mauerwerk bedingten Beanspruchungen auch von der Form, der Krümmung, des Mantels abhängig, während sonst allgemein (vgl. Löser) die Spannungen lediglich von der Temperaturdifferenz abhängig gemacht werden und der Mantelform kein Einfluß auf die Spannungen zugewiesen wird.

Föppl berechnet bei homogenem Material für den dreiachsigen Spannungszustand (Abb. 54) die äußere Zugspannung:

$$\sigma_x = \sigma_a = -\frac{m}{m-1}\, E \cdot \alpha\,(t_i - t_a) \cdot \left(\frac{r_a^2}{r_a^2 - r_i^2} - \frac{1}{2\lg\frac{r_a}{r_i}} \right)$$

die innere Druckspannung:

$$\sigma_x' = \sigma_i = +\frac{m}{m-1}\, E \cdot \alpha\,(t_i - t_a) \left(\frac{r_i^2}{r_a^2 - r_i^2} - \frac{1}{2\lg\frac{r_a}{r_i}} \right).$$

Nach den sonst üblichen Berechnungsweisen ist das durch die Temperaturdifferenz im Mantel entstehende Biegungsmoment

$$M = \frac{\alpha \cdot E\,(t_i - t_a)\,J}{d} = \frac{\alpha \cdot E \cdot J\,(t_i - t_a)}{r_a - r_i}$$

und die Randspannungen werden demzufolge:

$$\sigma_a = M\,\frac{s_a}{J} = (\alpha \cdot E\,(t_i - t_a)\,s_a) : (r_a - r_i)$$

$$\sigma_i = M\,\frac{s_i}{J} = (\alpha \cdot E\,(t_i - t_a)\,s_i) : (r_a - r_i),$$

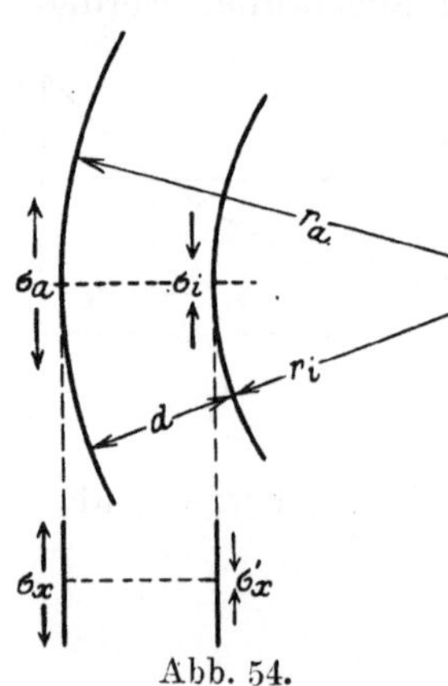
Abb. 54.

wenn dabei s_a und s_i die jeweiligen Abstände der Manteloberflächen von der neutralen Achse des Querschnittes bedeuten und J das Trägheitsmoment des Querschnittes darstellt.

Als Ausdehnungskoeffizienten des Betons gibt Keller $a = 0{,}0000104$ und Rudeloff $a = 0{,}0000108$ an; im folgenden soll mit dem Mittelwert $a = 0{,}0000106$ gerechnet werden.

Zum Vergleich der beiden obenstehenden Rechnungsweisen sollen diese auf einen homogenen Querschnitt von der Stärke $r_a - r_i = d = 15\,\text{cm}$ und $100\,\text{cm}$ Breite angewendet werden.

Für $r_a = 2{,}64\,\text{m}$ und $r_i = 2{,}49\,\text{m}$ folgt nach Föppl

$$\sigma_a = -\frac{m}{m-1}\,\alpha \cdot E\,(t_i - t_a)\,0{,}49\,,$$

$$\sigma_i = +\frac{m}{m-1}\,\alpha \cdot E\,(t_i - t_a)\,0{,}51$$

und nach der üblichen Berechnung wird:

$$\sigma_a = -\alpha \cdot E\,(t_i - t_a)\,\frac{7{,}5}{15} = -\alpha \cdot E\,(t_i - t_a)\,0{,}5\,,$$

$$\sigma_i = +\alpha \cdot E\,(t_i - t_a)\,\frac{7{,}5}{15} = +\alpha \cdot E\,(t_i - t_a)\,0{,}5\,.$$

Während im letzteren Fall nur reine Biegung in Betracht kommt, für welche die Randspannungen gleich sind, wird nach Föppl der betrachtete Querschnitt außer auf Biegung auch noch durch eine Axialkraft beansprucht und das Endergebnis ferner noch von dem Verhältnis der Längen- zur Querdehnung abhängig gemacht. Tatsächlich ist aber bei Vernachlässigung der Poissonschen Zahl[1]) das Ergebnis der beiden Berechnungsweisen nahezu das gleiche. Führt man daher die Berechnung der Spannungen nach der

---

1) Für Beton finden sich in der Literatur noch keine bestimmten Angaben über die Größe dieser Zahl.

einfacheren allgemein üblichen Rechnungsweise durch, so können ohne Schwierigkeit die bei der genaueren Berechnung nach Föppl sich ergebenden Spannungen ermittelt werden.

Die Berechnung der Längs- und Ringspannungen infolge ungleichmäßiger Erwärmung auf den nachstehend skizzierten Querschnitt (Abb. 55) eines Eisenbetonmantels angewendet, ergibt bei einer Temperaturdifferenz von 75° C.

a) mit Berücksichtigung der Betonzugzone errechnet sich die Lage der neutralen Achse aus der Gleichung

$$50 \cdot 15^2 + 15 \cdot 20 \,(15 - 2{,}5) = x \,(100 \cdot 15 + 15 \cdot 20) = 1800\,x$$

$x = 8{,}3$ cm und demzufolge bei Vernachlässigung des äquatorialen Trägheitsmomentes der Eiseneinlagen, das Trägheitsmoment des Querschnittes

$$J = \frac{1}{3}\, 100\,(8{,}3^3 + 6{,}7^3) + 15 \cdot 20\,(6{,}7 - 2{,}5)^2 = 34300 \text{ cm}^4.$$

Das Wärmemoment wird, wenn $E = 140000$ kg/cm²

$$M = (140000 \cdot 34300 \cdot 0{,}0000106 \cdot 75) : 15 = 255000 \text{ cmkg},$$

somit werden die Längs- und Ringspannungen

$$\sigma_i = (255000 \cdot 8{,}3) : 34300 = +\ 61{,}5 \text{ kg/cm}^2$$
$$\sigma_a = (61{,}5 \cdot 6{,}7) : 8{,}3 = -\ 50\ \text{ kg/cm}^2$$
$$\sigma_e = \left(15 \cdot 50 \cdot \frac{4{,}2}{6{,}7}\right) = -\ 475\ \text{ kg/cm}^2;$$

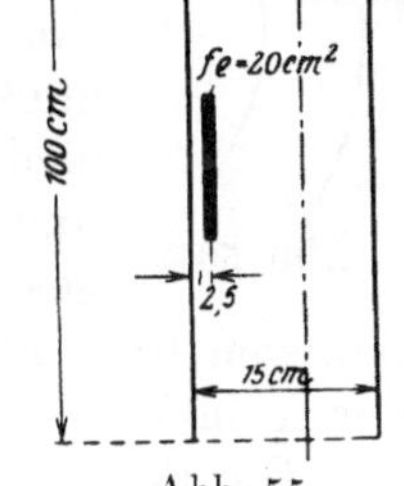

Abb. 55.

b) unter Vernachlässigung der Betonzugzone, einen Zustand, wie er sich beim Eintreten von Rissen einstellt, wird

$$\frac{1}{2}\, 100 \cdot x^2 = 15 \cdot 20\,(12{,}5 - x)$$
$$x = -3{,}0 + 9{,}2 = 6{,}2 \text{ cm}$$
$$J = \frac{1}{3}\, 100 \cdot 6{,}2^3 + 15 \cdot 20\,(8{,}8 - 2{,}5)^2 = 20000 \text{ cm}^4.$$

Das Wärmemoment

$$M = 255000 \text{ cmkg}$$

bedingt sonach als Spannungen

$$\sigma_i = 255000 \cdot 6{,}2 : 20000 = 79 \text{ kg/cm}^2$$
$$\sigma_e = 15 \cdot 79 \cdot 6{,}3 : 6{,}2 = 1200 \text{ kg/cm}^2.$$

Zu berücksichtigen ist dabei, daß sich für die horizontalen Querschnitte die Be-'anspruchungen um die Beanspruchungen aus dem Eigengewicht erhöhen, während σ_i und σ_e sich um diesen Betrag bzw. um den $n$fachen Betrag vermindern.

Die Spannung σ_a unter a) ermäßigt sich für den lotrechten Querschnitt nach Lewe — wenn berücksichtigt wird, daß die radiale Verschiebung der Außenfläche des Mantels und die der Eiseneinlage (horizontal) infolge der verschiedenen Temperaturen nicht gleich groß sind, daß also zwischen der horizontalen Eiseneinlage und dem Beton Druckkräfte entstehen, unter denen sich der Radius der Eiseneinlagen erweitern muß — um rund 25 %.

Aber selbst unter Berücksichtigung dieser dabei auf zirka 38 kg/cm² ermäßigten Zugspannung im Beton ist zu ersehen, daß es praktisch unmöglich ist, einen rissefreien Kaminmantel aus Eisenbeton herzustellen, solange es nicht gelingt, die Temperaturdifferenz ganz erheblich zu mindern. Eine Vermehrung der Eiseneinlagen über ein bestimmtes Maß hinaus hat nämlich bei einer gegebenen Mantelstärke keinen Zweck, weil, wie die vorstehende Rechnung zeigt, mit der Zunahme des Trägheitsmomentes im gleichen Maße auch das Wärmemoment wächst. Durch statische Maßnahmen können also zu große Wärmespannungen für eine gegebene Wandstärke, wenn ein bestimmtes Bewehrungsmaß erreicht ist, nicht gemindert werden.

Die Eiseneinlagen können eine Rißbildung nicht verhindern. Ihre Wirkung wird lediglich darin bestehen, die Erweiterung und Verlängerung der sich bei höheren Temperaturspannungen bildenden Risse hintanzuhalten.

Aus diesen Betrachtungen heraus erscheint es fraglich, ob die eingeschlagenen Berechnungsverfahren den tatsächlichen Verhältnissen entsprechen. Besonders der Umstand, daß Rissebildungen an der Außenfläche des Mantels, wie die Rechnung zeigt, selbst bei Anordnung starker Bewehrungen nicht zu vermeiden sind, deutet darauf hin, daß die Bestimmung des Wärmemomentes und die Errechnung der Eiseneinlagen nach anderen Gesichtspunkten durchzuführen sind.

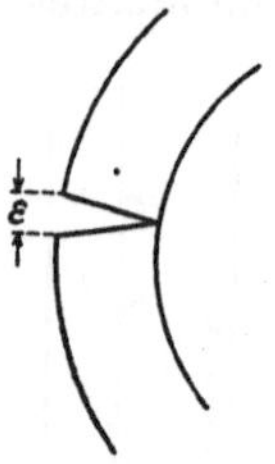

Die Innenfläche des Mantels wird sich unter dem Einfluß der höchsten im Mantel herrschenden Temperatur am stärksten vergrößern und dabei eine Ausdehnung ε pro Längeneinheit (Abb. 56) erfahren. Diese Ausdehnung muß auch von der Außenfläche des Mantels, trotz des hier herrschenden niedrigeren Wärmegrades, mitgemacht werden. Für den Fall, daß wir uns den Mantel an einer Stelle durch eine lotrechte Ebene radial aufgeschnitten denken, daß also die Innenfläche des Mantels sich ungehindert

Abb. 56.

bewegen bzw. ausdehnen kann, wird sich ein Klaffen des Mantels nach nebenstehender Abbildung zeigen.

Die Festigkeit des geschlossenen Betonringes wird sich aber einer derartigen Formänderung widersetzen. Erst nach Überschreiten der Zugfestigkeit des Betons werden sich im unbewehrten Mantel Risse bilden, die in ihrem Endstadium der Erscheinung bei ungehinderter Ausdehnung der Innenfläche gleichen werden, d. h. die Risse werden sich durch die ganze Stärke des Mantels fortsetzen und den Mantel aufschneiden.

Nur die Anordnung von Eiseneinlagen wird dem Fortschreiten der Risse Einhalt gebieten, und die Lage der Eiseneinlagen im Mantel wird die Stelle angeben, bis zu welcher eine ungehinderte Rissebildung möglich ist. Der Forderung, eine sich in das Innere des Mantels erstreckende Rissebildung zu verhindern, werden die Eiseneinlagen um so mehr entsprechen, je näher sie an die Außenfläche des Mantels zu liegen kommen.

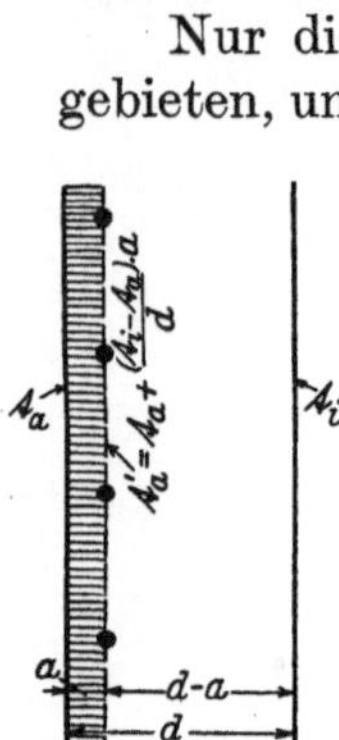

Abb. 57.

Je nach Stärke der Ringbewehrung werden dabei die durch das Wärmemoment bedingten Zugspannungen, allerdings unter gleichzeitiger Erhöhung der an der Innenfläche auftretenden Druckspannungen, ganz oder teilweise aufgehoben, da die weniger erwärmten Eiseneinlagen einer Ausweitung der Röhre entgegenwirken, wodurch im Mantel Druckspannungen verursacht werden. Die Ringbewehrung ist daher auch vom Gesichtspunkte einer Bindung des Kaminmantels zu betrachten, die mit Rücksicht auf die zu fordernde Rostsicherheit ein Mindestmaß an Einbettung „a" verlangt, eine Tiefe, bis zu welcher das Auftreten von Rissen nicht zu vermeiden ist.

Ferner ist zu beachten, daß, wenn sich Risse von der Tiefe „a" gezeigt haben, bereits eine gewisse Entspannung in der Konstruktion erfolgt ist, weil für den verschwächten Betonring (Abb. 57) nur der Temperaturabfall längs der Strecke $d-a$ in Betracht kommt und auch der Querschnitt des noch wirksamen Teiles des Mantels gegenüber der ursprünglichen Stärke um a verschwächt wurde, wodurch eine erhebliche Minderung des Wärmemomentes bedingt ist.

Der Berechnung des Wärmemomentes ist also nur eine Temperaturdifferenz von
$$\frac{d-a}{d} \cdot (t_i - t_a)$$
und eine Wandstärke $d-a$ zugrunde zu legen.

Die Berechnung der Spannungen in einem Vertikalquerschnitt hat demnach unter Beachtung des auf diese Weise ermittelten Wärmemomentes für eine Eisenbetonplatte mit der Stärke $(d-a)$ zu erfolgen (Abb. 58), die außer auf Biegung auch durch eine Axialkraft beansprucht ist, und die Ringbewehrung ist so zu bemessen, daß die Eiseneinlagen die Zugspannungen aus Biegung und gleichzeitig die Spannungen, die sich aus der Ausweitung der Eisen infolge Ausdehnung des Mantels ergeben, aufzunehmen imstande sind.

Die Durchführung der Rechnung nach Föppl[1]) ergibt als radiale Verschiebung des Mantels durch Erwärmung für die Schicht mit der Temperatur t'_a

$$\varrho = \alpha \cdot r'_a \left(t_m + \frac{(t_i - t'_a)(d - a)}{12 \cdot r_m} \right),$$

wobei $t_m = \frac{1}{2}(t_i - t'_a)$ und $r_m = \frac{1}{2}(r_i + r'_a)$ ist, und für die radiale Verschiebung der Eiseneinlagen fe, die ebenfalls eine Temperatur t'_a aufweisen, folgt

$$\varrho_e = \alpha \cdot t'_a \cdot r'_a.$$

Nachdem die beiden radialen Verschiebungen nicht gleich sein können und $\varrho > \varrho_e$ ist, so müssen zwischen den Ringeisen und dem Beton Druckkräfte p auftreten, die den Umfang der Eiseneinlagen bzw. den Durchmesser derselben erweitern, so daß für den Zuwachs des Halbmessers ein Wert

$$\varrho'_e = \frac{p \cdot r'_a}{E_e \cdot fe}$$

in Betracht kommt.

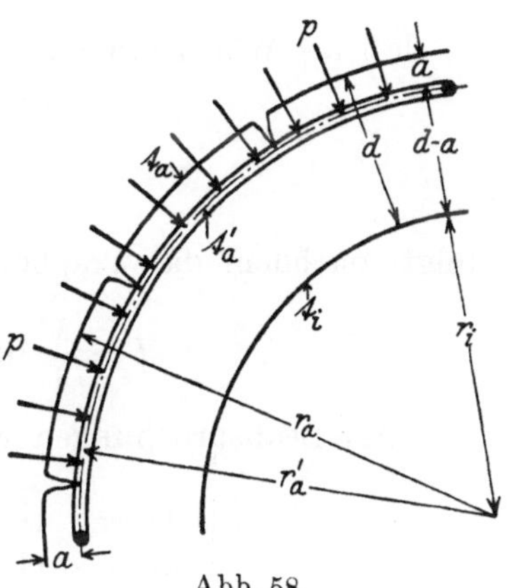
Abb. 58.

Der Betonmantel selbst wird nun seinerseits unter dem Einflusse dieser Druckkräfte p zusammengepreßt und erleidet eine radiale Zusammendrückung im Betrage von

$$\varrho' = p \frac{r'_a}{E_b} \left(\frac{r'^2_a + r^2_i}{r'^2_a - r^2_i} - \frac{1}{m} \right) \sim p \frac{r'_a \cdot r_m}{E_b (d - a)}.$$

Da nun aber die gesamten radialen Verschiebungen der Ringeiseneinlagen gleich denen des Betonmantels sein müssen, so gilt die Beziehung

$$\alpha \cdot t'_a \cdot r'_a + \frac{p \cdot r'_a}{E_e \cdot fe} = \alpha \cdot r'_a \left(t_m + \frac{(t_i - t'_a)(d - a)}{12 \cdot r_m} \right) - p \frac{r'_a \cdot r_m}{E_b (d - a)}.$$

Unter Vernachlässigung des geringen Wertes für $\dfrac{(t_i - t'_a)(d - a)}{12 \cdot r_m}$ geht diese Gleichung, nach p ausgewertet, in die Form über

$$p = \alpha \cdot E_b \frac{r'_a \cdot t_m - r'_a t'_a}{\dfrac{r'^2_a}{n \cdot fe} + \dfrac{r'_a \cdot r_m}{d - a}} = \alpha \cdot E_b \frac{r'_a (t_m - t'_a)}{\dfrac{r'^2_a}{n \cdot fe} + \dfrac{r'_a \cdot r_m}{d - a}}.$$

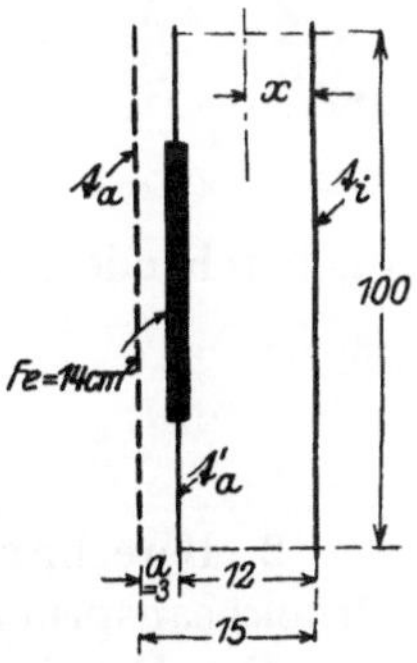

Die durch die radial gerichteten Kräfte p verursachte Druckspannung im Betonmantel wird mithin

$$\sigma_t = \frac{p \cdot r_m}{d - a} = \alpha \cdot E_b \frac{r'_a (t_m - t'_a)}{\dfrac{r'^2_a (d - a)}{n \cdot fe \cdot r_m} + r'_a} \sim \alpha \cdot E_b \frac{t_m - t'_a}{1 + \dfrac{d - a}{n \cdot fe}}.$$

eine Beanspruchung, die sich über den gesamten Querschnitt von der Stärke $d - a$ gleichmäßig verteilt und sich zu den Spannungen aus dem Wärmemoment addiert.

Diese Folgerungen sollen nun auf das auf S. 43 angeführte Beispiel angewendet und die Berechnung bei einer Ringbewehrung von $fe = 14\ \text{cm}^2$ pro stgd. m und einem Abstande der Eiseneinlagen von der Außenfläche $a = 3\ \text{cm}$ durchgeführt werden (Abb. 59).

Abb. 59.

---

[1]) Vgl. Lewe: Bauingenieur 1922, Heft 17.

1. Berechnung der Spannungen durch ungleichmäßige Erwärmung.

a) Mit Berücksichtigung der Betonzugzone ergibt sich die Lage der Nullinie aus der Beziehung

$$\frac{1}{2}\,100\,x^2 = (12 - x)\,100\,\frac{12 - x}{2} + 15 \cdot 14\,(12 - x)$$

zu

$$x = 7 \text{ cm},$$

so daß als Wärmemoment

$$M = \frac{75\,\dfrac{12}{15} \cdot 0{,}0000106 \cdot 140000 \cdot 20880}{12} = 154000 \text{ cmkg}$$

folgt, nachdem das Trägheitsmoment

$$J = \frac{1}{3}\,100\,(7^3 + 5^3) + 15 \cdot 14 \cdot 5^2 = 20880 \text{ cm}^4 \text{ ist.}$$

Als Beanspruchungen werden daher ermittelt:

$$\sigma_b = \quad (154000 \cdot 7) : 20880 = +51{,}5 \text{ kg/cm}^2 \text{ Druck}$$
$$\sigma_{b_z} = -(154000 \cdot 5) : 20880 = -37{,}0 \quad\quad ,, \quad \text{Zug}$$
$$\sigma_e = 15 \cdot 37{,}0 \quad\quad\quad\quad\quad = -550 \quad\quad ,, \quad\quad ,,$$

b) Unter Vernachlässigung der Betonzugzone folgt der Abstand der neutralen Achse gemäß der Beziehung

$$\frac{1}{2}\,100\,x^2 = 15 \cdot 14\,(12 - x)$$

zu

$$x = 5{,}4 \text{ cm},$$

so daß für

$$J = \frac{1}{3}\,100 \cdot 5{,}4^3 + 15 \cdot 14 \cdot 6{,}6^2 = 14400 \text{ cm}^4$$

und

$$M = 154000 \text{ cmkg}$$

nachstehende Beanspruchungen gefunden werden:

$$\sigma_b = (154000 \cdot 5{,}4) : 14400 \quad\quad = + \quad 57 \text{ kg/cm}^2$$
$$\sigma_e = (15 \cdot 154000 \cdot 6{,}6) : 14400 = -1060 \quad ,.$$

2. Berechnung der Spannungen durch die über den ganzen Querschnitt verteilte Druckbeanspruchung infolge Zusammenpressung des Mantels durch die Ringbewehrung.

Die Druckbeanspruchung beträgt

$$\sigma_t = 0{,}0000106 \cdot 140000\,\frac{30}{1 + \dfrac{12}{0{,}14 \cdot 15}} = 1{,}5 \cdot \frac{30}{6{,}7} = 6{,}75 \text{ kg/cm}^2,$$

so daß die Ringeisen eine Zugkraft

$$Z = 100 \cdot 12 \cdot 6{,}75 = 8100 \text{ kg}$$

aufzunehmen haben, was bei einem Querschnitt von 14 cm² einer Beanspruchung von

$$\sigma'_e = -8100 : 14 = -580 \text{ kg/cm}^2$$

gleichkommt.

Als Gesamtspannungen folgen demnach bei Vernachlässigung der Betonzugzone

$$\sigma_b = 57 + 6{,}75 \qquad = +63{,}75 \text{ kg/cm}^2 \text{ (Druck, Innenfläche)}$$
$$\sigma_e = -(1060 + 580) = -1640 \qquad ,, \qquad (\text{Zug})[1]$$

und bei Berücksichtigung der Betonzugzone

$$\sigma_b = \quad 51{,}5 + 6{,}75 = +58{,}25 \text{ kg/cm}^2 \text{ (Druck)}$$
$$\sigma_{b_z} = -37{,}0 + 6{,}75 = -30{,}25 \qquad ,. \qquad (\text{Zug})$$
$$\sigma_e = -(550 + 580) = -1130 \qquad .. \qquad ..$$

Zieht man in Betracht, daß der Temperaturabfall von 75⁰ C den größtmöglichen Temperaturunterschied — bei gut geleiteten Kesselfeuerungen — für eine 15 cm starke Wand darstellt, so ist ersichtlich, daß es bei entsprechend starker und richtig angeordneter Ringbewehrung möglich ist, eine tiefergehende Rissebildung im Kaminmantel zu vermeiden. (Vgl. auch S. 60 u. 61.)

Dabei sei die Frage offengelassen, ob die übliche Berechnung des Wärmebiegungsmomentes nicht unter zu ungünstigen Annahmen durchgeführt ist, wofür insbesondere bei der Bauweise in Formsteinen die nicht monolithische Herstellung des Mantels spricht.

Die Berechnung der Horizontalquerschnitte hat analog nach den auf S. 46 unter 1 angegebenen Grundsätzen zu erfolgen. Es ist dabei aber zu berücksichtigen, daß für diese Querschnitte eine größere Einbettungstiefe a der Eisen in Frage kommt, die sich daraus ergibt, daß die Längseisen innerhalb der Ringbewehrung vorzusehen sind, so daß die ringförmigen horizontalen Eiseneinlagen gewissermaßen als Bügel oder Umschnürung des Hohlzylinders angesehen werden können.

Berechnung der Kaminkrone. Besondere Beachtung bei der Berechnung und Ausbildung verlangt das freie Ende des Schaftes, die Kaminkrone. Wie bereits früher erwähnt, zeigt sich die Hauptrissebildung nicht allein in der Nähe des Rauchkanals, sondern in hohem Maße auch an der Kaminkrone. In den meisten Fällen wird die auffallend starke Zerstörung der Mündung leichthin als Verwitterung angesprochen, deren Auftreten mit dem Angriffe der Atmosphärilien und der Rauchgase begründet wird. Eine genauere Betrachtung läßt jedoch erkennen, daß diese „Verwitterung" nicht Primär-, sondern Sekundärerscheinung ist. Die im freien Ende des Schaftes auftretenden Beanspruchungen sind, wie im nachfolgenden gezeigt werden wird, gegenüber denjenigen der tiefergelegenen Teile erheblich größer, so daß, wenn keine besonderen Maßnahmen zur Überwindung dieser Spannungen getroffen sind, die Zerstörung naturgemäß zuerst an der Mündung auftreten muß, um sich dann von hier aus in die tieferliegenden Teile des Schaftes fortzusetzen. Diese aus rein statischen Ursachen auftretende Rissebildung gibt nun den Rauchgasen und den Atmosphärilien die Möglichkeit, zufolge der größeren Angriffsflächen, das Mauerwerk der Krone besonders stark anzugreifen, so daß sich in kurzer Zeit eine Zerklüftung derselben bemerkbar macht. Um den Zerstörungen der Krone vorzubeugen, ist es daher notwendig, die Kräfte, die auf das freie Ende des Schaftes wirken, zu ermitteln und diesen bei der Ausbildung der Mündung Rechnung zu tragen.

Im vorhergehenden wurde die Ermittelung der dem räumlichen Spannungszustand infolge ungleichmäßiger Erwärmung des Mantels zukommenden Beanspruchungen im Mantel besprochen. Die dort angegebene Berechnung der Wärmeringspannungen ist an sich ohne weiteres auch auf das freie Ende anzuwenden. Anders wird es sich jedoch mit den senkrecht verlaufenden Wärmespannungen verhalten, da diesen am freien Ende keinerlei Widerstand entgegensteht, denn in jedem horizontalen Querschnitte des Mantels der tiefer gelegenen Schichten halten sich die lotrechten Spannungen das Gleichgewicht, nicht so aber an

---

1) Da diese Beanspruchung die größte je auftretende Spannung darstellt und doch noch erheblich unter der Elastizitätsgrenze liegt, erscheint es zulässig, die Ringeisen bis zu dem errechneten Betrag zu belasten. (Vgl. Saliger.)

der Kaminkrone. Hier werden die in den inneren Teilen des Mantels wirkenden Druckkräfte eine Verlängerung und die an den äußeren Teilen wirkenden Zugkräfte eine Verkürzung hervorrufen und dadurch in ihrer Gesamtwirkung eine Umkrempelung der Mündung nach außen und damit eine gleichzeitige Ausweitung derselben bewirken. Um auch hier zu einem Gleichgewichtszustand zu gelangen, ist es erforderlich, den infolge ungleichmäßiger Erwärmung des Mantels am freien Ende in lotrechter Richtung auftretenden Kräften gleich große, aber entgegengesetzt gerichtete hinzuzufügen, die also imstande sind, eine Verdrehung bzw. Umkrempelung des freien Endes hintanzuhalten. Die verursachte Ausweitung bedingt aber ihrerseits Zusatzspannungen zu den vorher

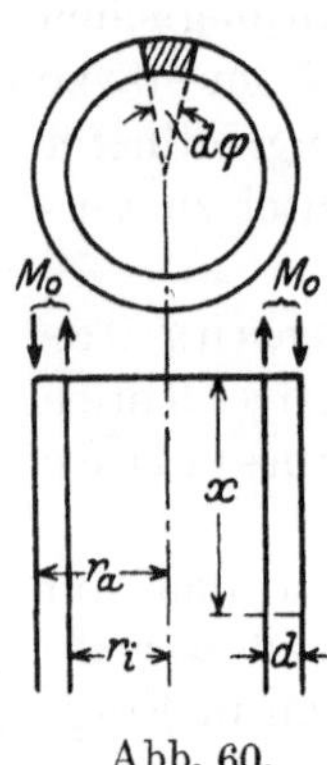

berechneten Wärmespannungen, besonders zu den Ringspannungen, die dadurch zustande kommen, daß der geschlossene kreisringförmige Querschnitt des Mantels einer Ausweitung entgegensteht. Die an der äußeren Fläche des Mantels ohnehin auftretenden Ringzugspannungen werden mithin um ein Beträchtliches vermehrt, während die für die innere Fläche des Mantels berechneten Ringdruckspannungen um den gleichen Betrag vermindert werden.

Für die Ermittelung dieser Zusatzspannungen σ_t gibt Föppl in „Die wichtigsten Lehren der höheren Elastizitätstheorie" für dünnwandige Rohre eine Berechnungsweise über das „Verhalten der Zylinderenden" an. Nach dieser wird eine Lamelle (aus homogenem Material) des Mantels (Abb. 60 u. 61) mit dem Zentriwinkel $d\varphi$ unter dem Einfluß der Kräfte betrachtet, welche sich für die längsgerichteten Wärmespannungen an dem freien Ende ergeben, wobei der Querschnitt der Lamelle mit hinreichender

Abb. 60.

Genauigkeit als rechteckig angenommen werden kann, da r_a und r_i nur wenig voneinander abweichen. An dem freien Ende der Lamelle greift ein sich aus den Wärmelängsspannungen ergebendes Kräftepaar an und an den Seitenflächen sind die noch zu ermittelnden Zusatzringspannungen wirksam. Jedem Flächenelement dF entspricht, wenn die unbekannte Zusatzspannung mit σ_t bezeichnet wird, eine Kraft $\sigma_t\,dF$, die in gleicher Größe auf dem gegenüberliegenden Flächenelement der anderen Seitenfläche auftritt. Beide Spannungen sind unter dem Winkel $d\varphi$ zueinander geneigt und haben eine Resultante, die radial nach innen gerichtet sein wird, wenn sich die Zusatzspannungen als Zugspannungen erweisen. Die betrachtete Lamelle wird also an ihrem

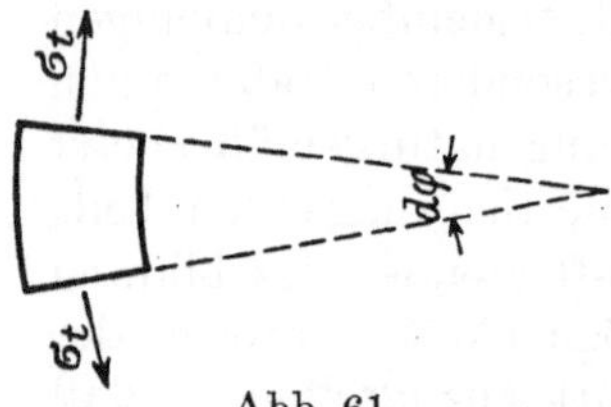

freien Ende durch ein Kräftepaar und über ihre ganze Länge durch die den jeweiligen Zusatzspannungen σ_t zukommende Resultante beansprucht. Die Lamelle erfährt demnach eine Biegung und die auftretenden Längsspannungen sind als Biegungsspannungen in einem Lamellenquerschnitt anzusprechen.

Abb. 61.

Die Spannungen eines gebogenen Stabes hängen nun aber in erster Linie von der Größe der auftretenden Biegung, in unserem Falle also von der radialen Verschiebung ϱ der Mittellinie der Lamelle nach außen ab, wenn unter ϱ die Verschiebung der auf der Lamellenachse, also im Abstand $r_m = \dfrac{1}{2}\,(r_a + r_i)$ von der Kaminachse gelegenen Punkte verstanden wird. Die dabei auftretende Dehnung des Mantels in tangentialer Richtung ist dann $\varepsilon_t = \varrho : r_m$. Es bleibt daher zu bestimmen, unter welcher Belastung p pro Längeneinheit, das Ende der Lamelle um den Betrag ϱ abgebogen wird. Da die Summe der längsgerichteten Zugspannungen gleich der der längsgerichteten Druckspannungen in einem betrachteten Lamellenquerschnitt sein muß, kann bei der Berechnung von p von ihrem Einfluß auf die tangentiale Dehnung abgesehen werden, ebenso können die Spannungen in radialer Richtung wegen ihres unbedeutenden Einflusses unberücksichtigt bleiben. Es folgt demnach

$$\sigma_t = E\,\frac{\varrho}{r_m}\,.$$

Da die für ein Längenelement dx der betrachteten Lamelle durch die in Frage kommende Spannung σ_t verursachte Belastung von der Größe

$$dx \cdot d\varphi \int_{r_i}^{r_a} \sigma_t \cdot dr$$

ist, folgt

$$p = d\varphi \int_{r_i}^{r_a} \sigma_t \cdot dr = d\varphi \cdot E \frac{\varrho}{r_m} \int_{r_i}^{r_a} dr = d\varphi \cdot E \cdot \varrho \cdot \frac{d}{r_m}.$$

Aus der Biegungstheorie des geradlinigen Balkens ist aber bekannt, daß

$$p = \frac{d^2 M}{dx^2}$$

ist, so daß

$$\frac{d^2 M}{dx^2} = d\varphi \cdot E \cdot \frac{d}{r_m} \cdot \varrho.$$

Die weitere Auswertung dieser Gleichung, die genau der eines Balkens auf nachgiebiger Unterlage entspricht (vgl. Föppl, Festigkeitslehre), liefert

$$\varrho = \frac{M_o 2 \sqrt{3}}{E \cdot d^2 \cdot d\varphi} \cdot e^{-\alpha_1 x} (\cos \alpha_1 x - \sin \alpha_1 x).$$

wobei M_o das Biegungsmoment im Anfangsquerschnitt des freien Endes bedeutet, und α_1 eine Konstante, die sich zu $\alpha_1 = \sqrt[4]{\dfrac{3}{r_m^2 d^2}}$ berechnet.

Da der Querschnitt der Lamelle näherungsweise als rechteckig angenommen wurde. ermittelt sich das Trägheitsmoment für die Schwerpunktsachse

$$J = \frac{1}{12} r_m \cdot d\varphi \cdot d^3$$

oder

$$d^2 \cdot d\varphi = \frac{12 J}{r_m \cdot d}$$

und nach Einsetzen dieses Wertes in die Gleichung für ϱ ergibt sich somit

$$\varrho = \frac{M_o \cdot 2 \sqrt{3} \cdot r_m \cdot d}{12 E \cdot J} (\cos \alpha_1 x - \sin \alpha_1 x) e^{-\alpha_1 x} = \frac{M_o r_m d \sqrt{3}}{6 E \cdot J} e^{-\alpha_1 x} (\cos \alpha_1 x - \sin \alpha_1 x).$$

Die Ausweitung, die das freie Ende infolge der ungleichmäßigen Erwärmung erfährt, wird demnach

$$\varrho' = \frac{M_o \cdot r_m d \sqrt{3}}{6 \cdot J \cdot E}.$$

Die Auswertung der allgemeinen Gleichung für ϱ zeigt, daß sich der Schaft in der Nähe des freien Endes nicht einfach erweitert, sondern daß er hier eine wellenförmige Formänderung erfährt, wobei die Amplitude der Wellen mit der Entfernung vom freien Ende rasch abnimmt. der Einfluß des freien Endes sich also sehr schnell nach unten verliert.

Die Ausweitung ϱ ist nur längs der Strecke $x = 0{,}6 \sqrt{r_m \cdot d}$ positiv, ein Wert, der die Länge darstellt, für welche praktisch die Berücksichtigung der Ausweitung des freien Endes in Betracht kommt.

Unter Berücksichtigung der Ausweitung des freien Endes folgt demnach, daß die Ringspannungen am freien Ende ihren größten Wert erreichen. Nimmt man nur die

Ausbiegung für sich, so ist dadurch bereits eine Spannung (Zusatzspannung σ_t) gegeben, die nach Seite 48.

$$\sigma_t = E\,\frac{\varrho'}{r_m} = \frac{M_o\,d\sqrt{3}\,E}{6\cdot J\cdot E} = \frac{M_o\,d\sqrt{3}}{6\cdot J}$$

beträgt. Diese addiert sich zu den für die ungleichmäßige Erwärmung des Mantels ermittelten Spannungen der tiefer gelegenen Schaftteile, welche ohne Berücksichtigung der Poissonschen Zahl nach Föppl aus der für dünnwandige Zylinder geltenden Gleichung

$$\sigma = E\,\alpha\,(t_i - t_a)\left(\frac{1}{2} \pm \frac{d}{6\,r_m}\right)$$

folgen. Nachdem $\dfrac{d}{6\,r_m}$ nur einen geringen Wert ausmacht, kann der Einfachheit halber dieser Ausdruck ohne praktischen Einfluß auf die Größe der Spannung σ vernachlässigt werden. Es wird dann

$$\sigma = \pm\,\alpha\,E\,(t_i - t_a)\,0{,}50\,.$$

Die Zusatzringspannung σ_t am freien Ende ist, weil

$$M_o = \frac{\alpha\,E\,(t_i - t_a)\,J}{d}$$

$$\sigma_t = -\frac{\alpha\,E\,(t_i - t_a)\,J\,d\sqrt{3}}{6\cdot J\cdot d} = -\frac{\alpha\,E\,\sqrt{3}\,(t_i - t_a)}{6} = -0{,}28\,\alpha\,E\,(t_i - t_a)\,.$$

Mithin beträgt am freien Ende die größte Ringzugspannung an der äußeren Fläche

$$\sigma_{a_{\max}} = -(0{,}50 + 0{,}28)\,\alpha\,E\,(t_i - t_a) = -0{,}78\,\alpha\,E\,(t_i - t_a)$$

und die größte Ringdruckspannung an der inneren Schaftfläche

$$\sigma_{i_{\max}} = (0{,}50 - 0{,}28)\,\alpha\,E\,(t_i - t_a) = +0{,}22\,\alpha\,E\,(t_i - t_a)\,.$$

Die Erhöhung der Ringzugspannungen im freien Ende ist daher gegenüber den übrigen Teilen des Schaftes ganz erheblich, sie beträgt 56% des Wertes der Ringspannungen, die sich unter gleichen Verhältnissen für tiefer gelegene Schaftteile berechnen.

Die längsgerichteten Wärmespannungen im freien Ende des Kaminschaftes erfahren durch die Ausweitung der Kaminkrone, wie der Vollständigkeit halber erwähnt sei, nahezu keinen Einfluß, jedenfalls ist derselbe so gering, daß er für die praktische Ausbildung nicht ins Gewicht fällt.

Berechnung des Wärmeabfalles: Zur Berechnung der Temperaturdifferenzen werden in der Fachliteratur verschiedene allerdings nur angenäherte Rechnungsweisen bekanntgegeben, die aber in ihren Resultaten weit von der Wirklichkeit abweichen, wie die vorgenommenen Messungen zeigen. Eine eingehendere Berechnung gibt Hencky in „Die Wärmeverluste durch ebene Wände", die der nachfolgenden Berechnung zugrunde gelegt sei. Vorausgeschickt werde, daß das „Forschungsheim für Wärmeschutz in München" als Wärmeleitzahl für den Beton mit einem spezifischen Gewicht von $2250\,\mathrm{kg/m^3}$, $\lambda = 1{,}05$ und für die Ziegel mit dem Gewicht von $2080\,\mathrm{kg/m^3}$, $\lambda = 0{,}75$ angibt. Die Berechnung soll für die Verhältnisse der Meßstellen III, IV und V für eine Außentemperatur von $t_a = 18^0$ C unter Ausschluß des Einflusses der Sonnenbestrahlung für den Fall, daß nahezu Windstille herrscht, durchgeführt werden. Die Rauchgastemperaturen werden dabei den am 13. 7. 22 gemachten Messungen entnommen (S. 51).

Für die Meßstelle III, der nebenstehend skizzierte Schichtstärken (Abb. 62) entsprechen, soll deshalb eine Rauchgastemperatur von $t_i = 225^0$ C angenommen werden.

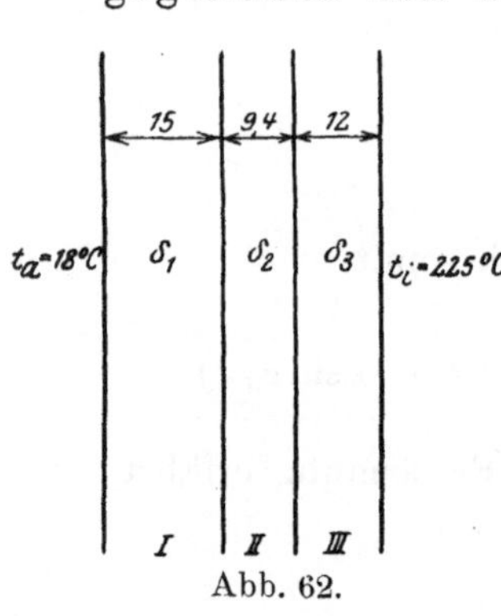

Abb. 62.

Die Gesamtwärmedurchlässigkeit des Mauerwerks setzt sich aus der Durchlässigkeit der drei Schichten (Mantel, Luftraum, Futter) zusammen, wobei völlige Trockenheit des Materials vorausgesetzt ist.

Für die Schicht I:

$$\frac{1}{A_1} = \frac{\delta_1}{\lambda_1} = \frac{0,15}{1,05} = 0,143 \quad \text{und} \quad A_1 = 7,0.$$

Für die Schicht III:

$$\frac{1}{A_3} = \frac{\delta_3}{\lambda_3} = \frac{0,12}{0,75} = 0,160 \quad \text{und} \quad A_3 = 6,25.$$

Aus den Werten für die Schicht I und Schicht III ersieht man, daß auf die erstere ein kleineres Gefälle als auf die Schicht III trifft. Wären sie gleich, so müßte die mittlere Temperatur der Schicht II $t = \frac{1}{2}(225 + 18) = 121,5^0\,\mathrm{C}$ sein. Immerhin wird aber die Temperatur nicht weit von diesem Wärmegrad entfernt sein und es soll vorerst hierfür 110^0 C angenommen werden. Da sich der Temperaturfaktor c mit zunehmender Temperatur erhöht, wie aus der nachstehenden von Hencky angegebenen Tabelle ersichtlich ist, so kann c für 110^0 C angenähert ermittelt werden.

Von -10^0 bis 0^0 wächst c von 0,73 auf 0,814 also um 0,084
Von $0 - 10^0$ wächst c von 0,814 auf 0,907 also um 0,083
Von 10^0 bis 20^0 wächst c von 0,907 auf 1,006 also um 0,099.

Im Mittel demnach für 10^0 C um 0,089; mithin entspricht für 110^0 C $c = 11 \cdot 0,089 + 0,814 = 1,794$. Da ferner die Strahlungskonstante für rauhe Betonwände $C_1 = 4,5$ und für rauhe Ziegelflächen $C_2 = 4,3$ ist, so folgt für die Luftschichte

$$\frac{1}{C'} = \frac{1}{C_1} + \frac{1}{C_2} - \frac{1}{C} = \frac{1}{4,5} + \frac{1}{4,3} - \frac{1}{4,7}$$
$$= 0,242 \quad \text{und} \quad C' = 4,12,$$

wenn C die Strahlungskonstante einer völlig schwarzen Wand ist. Und somit wird $c \cdot C' = 1,794 \cdot 4,12 = 7,4$.

Die äquivalente Wärmeleitzahl der Luftschicht berechnet sich zu

$$\lambda' = \lambda_0 + \lambda_L + d \cdot c \cdot C'.$$

Tag	Stunde	Wetter	Anzahl der Kessel	Außentemperatur	Meßstelle III					Meßstelle IV					Meßstelle V					
					Mantel außen	Mantel innen	Futter außen	Futter innen	Rauchgase	Mantel außen	Mantel innen	Futter außen	Futter innen	Rauchgase	Mantel außen	Mantel innen	Futter außen	Futter innen	Rauchgase	
13. 7.	2 Uhr	bedeckt	4	18	30	86	127	177	225	41	67	128	169	213	35	77	127	169	212	Angabe der Thermoelemente
		fast			23	93	119	185		38	70	121	176		30	82	121	177		Oberflächentemperatur
		windstill			5	70	26	66	40		32	51	55	37		52	39	56	35	Temperaturdifferenzen
13. 7.	4 Uhr	bedeckt	4	18	31	86	127	180	225	42	70	125	169	212	35	76	123	171	213	Angabe der Thermoelemente
		fast			23	93	118	189		39	74	118	176		30	81	115	179		Oberflächentemperatur
		windstill			5	70	25	71	36		35	44	58	36		51	34	64	34	Temperaturdifferenzen
13. 7.	6 Uhr	bedeckt	4	18	31	86	131	180	225	42	71	128	169	213	37	80	129	173	213	Angabe der Thermoelemente
		fast			23	93	123	188		39	75	123	174		32	86	122	180		Oberflächentemperatur
		windstill			5	70	30	65	37		36	48	51	39		54	36	58	33	Temperaturdifferenzen

Daß bei Meßstelle IV die Temperaturdifferenzen im Mantel weniger als 60% derjenigen der Meßstelle III ausmachen, ist darauf zurückzuführen, daß der leise Nordwind die über dem Kesselhaus erwärmte Luft in Höhe der Meßstelle IV vorbeiführt, wodurch auch die übermäßig hohe Außentemperatur des Mantels Erklärung findet.

1*

Hierin ist: für ruhende Luftschichte $\lambda_0 = 0{,}023$, die Konvektionszahl nach Nußelt bei $0{,}094$ m Luftstärke $\lambda_k = 0{,}0524$ zu setzen, so daß $\lambda' = 0{,}023 + 0{,}0524 + 0{,}094 \cdot 7{,}4 = 0{,}77 = \lambda_2$. Damit wird die Wärmedurchlässigkeit der Schicht II gegeben durch die Gleichung

$$\frac{1}{\varLambda_2} = \frac{\delta_2}{\lambda_2} = \frac{0{,}094}{0{,}77} = 0{,}122 \quad \text{und} \quad \varLambda_2 = 8{,}2 \,.$$

Die Wärmedurchlässigkeit des doppelwandigen Kamines folgt demnach zu

$$\frac{1}{\varLambda} = \frac{1}{\varLambda_1} + \frac{1}{\varLambda_2} + \frac{1}{\varLambda_3} = 0{,}143 + 0{,}122 + 0{,}160 = 0{,}425; \quad \varLambda = 2{,}35 \,.$$

Für die genaue Berechnung der Wärmedurchlässigkeit ist bei den gegebenen Luft-temperaturen noch der für diese geltende Wärmedurchgangswiderstand $\dfrac{1}{k}$ auszurechnen, wozu außer den Werten von $\varLambda$ noch die Wärmeübergangszahlen von Luft an Mauerwerk und von Beton an Luft zu ermitteln und in Rechnung zu setzen sind. Nach den Angaben des Forschungsheimes für Wärmeschutz ist bei Kaminen als Wärmeübergangszahl von den Rauchgasen an die Ziegelwandung $a_1 = 20$ und von der Betonfläche zur Außenluft $a_a = 25$ in Rechnung zu setzen. (Nach den Angaben von Hencky würde sich für $a_a = 10{,}2$ und für $a_i = 10{,}05$ durch Interpolieren der in der Abhandlung „Wärmeverluste durch ebene Wände" angegebenen Werte berechnen.)

Es wird demnach:

$$\frac{1}{k} = \frac{1}{a_i} + \frac{1}{\varLambda} + \frac{1}{a_a} = \frac{1}{20} + 0{,}425 + \frac{1}{25} = 0{,}515$$

und demzufolge $k = 1{,}95$.

Für die Schicht I berechnet sich demnach ein Temperaturabfall

$$\varDelta t_1 = (t_i - t_a) \frac{k}{\varLambda_1} = 207 \frac{1{,}95}{7{,}0} = 57{,}5^0 \text{ C} \,.$$

Für die Schicht II

$$\varDelta t_2 = 207 \cdot 1{,}95 : 8{,}2 = 49^0 \text{ C} \,.$$

Für die Schicht III

$$\varDelta t_3 = 207 \cdot 1{,}95 : 6{,}25 = 65^0 \text{ C} \,.$$

Als Temperaturunterschied zwischen der Außenluft und der Außenfläche des Beton-mantels folgt

$$\varDelta t_a = (t_i - t_a) \frac{k}{a_a} = 207 \cdot 1{,}95 : 25 = 16^0 \text{ C}$$

und zwischen der inneren Ziegelwandung und den Rauchgasen ein solcher von

$$\varDelta t_i = 207 \cdot 1{,}95 : 20 = 20^0 \text{ C} \,.$$

Für den betrachteten Querschnitt folgen mithin nachstehende Temperaturen:

Temperatur der Außenluft		18^0 C
Betonmantel außen	$18 + 16$	$= \ 34^0$ C
Betonmantel innen	$34 + 57{,}5$	$= \ 91^0$ C
Futter außen	$91 + 49$	$= 140^0$ C
Futter innen	$140 + 65$	$= 205^0$ C
Temperatur der Rauchgase	$205 + 20$	$= 225^0$ C .

Da die mittlere Temperatur der Luftschicht II

$$t_m = \frac{1}{2}\,(91 + 140) = 115^0 \text{ C}$$

ist, von der angenommenen Temperatur zu 110^0 C nur unwesentlich abweicht, kann von einer Wiederholung der Rechnung mit c für 115^0 C Abstand genommen werden, zumal c für die Endergebnisse nicht von ausschlaggebender Bedeutung ist.

Bei der Meßstelle IV (Abb. 63) ist zu berücksichtigen, daß sich hier die Rauchgase bereits weiter etwas abgekühlt haben; es kann daher c wie bei Meßstelle III eingesetzt werden.

Die äquivalente Wärmeleitzahl der 12,6 cm starken Luftschicht wird

$$\lambda' = 0{,}023 + \lambda_k + d \cdot c \cdot C' = 0{,}023 + 0{,}0565 + 0{,}126 \cdot 7{,}4$$
$$= 0{,}93 + 0{,}023 + 0{,}0565 = 1{,}009 \,.$$

Damit wird für die Schicht II:

$$\frac{1}{A_2} = 0{,}126 : 1{,}009 = 0{,}125 \text{ und } A_2 = 8{,}0 \,.$$

Die Wärmedurchlässigkeit der drei Schichten ist demnach:

$$1 : A = 0{,}143 + 0{,}125 + 0{,}160 = 0{,}428 \text{ und } A = 2{,}33 \,,$$

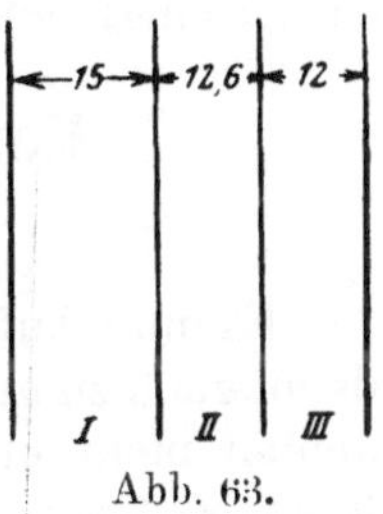

Abb. 63.

so daß $k = 1{,}95 + (0{,}428 - 0{,}425) = 1{,}953$ wird.

Es kann also praktisch mit denselben Koeffizienten wie für die Meßstelle III gerechnet werden.

Bei einer Rauchgastemperatur von $t_i = 212^0$ C folgen daher nachstehende Temperaturen:

Temperatur der Außenluft		18^0C
Betonmantel außen	$18 + 15 =$	33^0C
Betonmantel innen	$33 + 54 =$	87^0C
Futter außen	$87 + 48 =$	135^0C
Futter innen	$135 + 61 =$	196^0C
Temperatur der Rauchgase	$196 + 19 =$	215^0C .

An der Meßstelle V (Abb. 64), in der oberen Schafttrommel, wo das Ziegelmauerwerk am Betonmantel anliegt, wird die Stärke der Luftschicht zu 0. Die Durchlässigkeit der Schicht I ist wiederum

$$1 : A_1 = 0{,}143, \text{ somit } A_1 = 7{,}0 \,.$$

Für die Schicht II wird

$$1 : A_2 = 0{,}13 : 0{,}75 = 0{,}174 \text{ und } A_2 = 5{,}75 \,.$$

Der gesamte Wärmedurchgangswiderstand wird deshalb

$$1 : k = \frac{1}{20} + 0{,}143 + 0{,}174 + \frac{1}{25} = 0{,}407 \text{ und } k = 2{,}46 \,.$$

Abb. 64.

Da sich die Rauchgase an der betrachteten Stelle auf 210^0 C abgekühlt haben, so ergibt sich als Temperaturabfall in der Schicht I

$$\varDelta_I = (210 - 18)\, 2{,}46 : 7{,}0 = 67^0 \text{ C}$$

und in der Schicht II

$$\varDelta_{II} = (210 - 18)\, 2{,}46 : 5{,}75 = 82^0 \text{ C} \,.$$

Als Temperaturen der Oberflächen folgen mithin:

Temperatur der Außenluft		18^0C
Betonmantel außen	$18 + 19 =$	37^0C
Betonmantel innen	$37 + 67 =$	104^0C
Futter außen	104	104^0C
Futter innen	$104 + 82 =$	186^0C
Temperatur der Rauchgase	$186 + 24 =$	210^0C .

Die Ergebnisse der Berechnung für die Meßstellen III, IV und V weichen, wie ein Vergleich mit den Messungen auf der folgenden Seite zeigt, erheblich von den tatsächlichen Verhältnissen ab. Daraus folgt, daß eine genaue Berechnung der Temperaturen an so großen Objekten, wie es ein Schornstein darstellt, nicht möglich ist, da die an kleinen Versuchsobjekten bei Laboratoriumsversuchen gefundenen Werte nicht ohne weiteres für vorliegenden Fall Anwendung finden können, zumal die einzelnen Teile eines Kamines Einflüssen (Aufsteigen der erwärmten Luft vom Kaminmantel, verschieden starke Luftströmungen in den einzelnen Höhenlagen, Fortpflanzung der Wärme im Mauerwerk) ausgesetzt sind, die sich der Berechnung und Versuchen an kleinen Objekten entziehen.

Konstruktive Maßnahmen zur Verminderung der Temperaturdifferenz.

Es muß Aufgabe der Konstruktion sein, die Temperaturdifferenz im Mantel so gering als möglich zu gestalten und daß dies selbst bei den derzeitigen doppelmanteligen Schornsteinen nicht erreicht ist, zeigen die Ergebnisse der vorgenommenen Messungen und deren rechnerische Auswertung, welche beweisen, daß die diesbezüglichen bisherigen Rechnungsgrundlagen nicht angenähert die Höhe der tatsächlichen Temperaturdifferenzen treffen und die nach den seitherigen Belastungsannahmen errechneten Spannungen deshalb weit unter den wirklich auftretenden Beanspruchungen liegen.

Eine Besserung kann nur eintreten, wenn es gelingt, die Temperaturdifferenz im Mantel durch Verbesserung der doppelmanteligen Schornsteine mittels physikalischer Maßnahmen im Verein mit der Anordnung möglichst geringer Mantelstärken auf ein Mindestmaß herabzudrücken.

Eine Möglichkeit, dies zu erreichen, besteht darin, die Temperatur der Luftschicht zwischen Mantel und Futter so niedrig als möglich zu halten, was durch ständige Erneuerung der eingeschlossenen Luft bewirkt werden könnte.

Die in einem Schlauch erwärmte Luft hat das Bestreben, nach oben zu entweichen und saugt dabei aus tieferliegenden, weniger warmen Stellen Luft nach; es wird deshalb möglich sein, wenn man der zwischen Mantel und Futter erwärmten Luft den Austritt ins Freie ermöglicht (nach außen, nicht durch das Futter, da dadurch die Zugverhältnisse des Kamines beeinträchtigt werden) und das Nachströmen kühler atmosphärischer Luft gewährleistet, eine gewisse Zirkulation bzw. Ventilation der Isolierschicht zu erreichen.

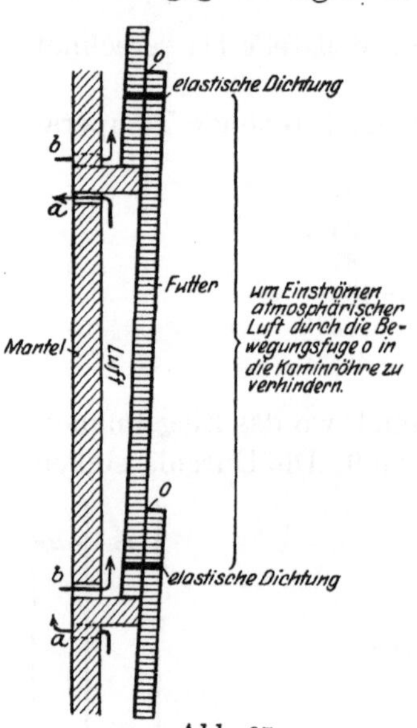

Abb. 65.

Die dabei erzielte Abkühlung der Luftisolierung wird um so kräftiger sein, je kürzer der Weg ist, den die eingesaugte Luft im Isolierraum zu machen hat, je weniger sie sich auf demselben erwärmen kann. Es wird sich deshalb bei hohen Schornsteinen empfehlen, diese Zirkulation nicht auf die ganze Höhe durchgehend auszudehnen, sondern für jede der einzelnen Schafttrommeln (Abb. 65) durchzuführen. Die Zirkulationsöffnungen wird man dabei, um keine Verschwächung der Querschnitte befürchten zu müssen, so klein als möglich, dafür aber um so zahlreicher wählen. Herrschender Wind wird die an sich sehr kräftige Ventilation noch erheblich steigern.

Folgerungen aus den Messungen und Beobachtungen.

1. Das spezifische Gewicht für Eisenbeton mit 2400 kg/m³ ist bei Kaminausführungen mit geringen Bewehrungen zu hoch bemessen, für die Berechnung der Spannungen aus Windbelastung also zu günstig.

2. Die bislang vorgeschriebenen Belastungen durch Wind sind für hohe, schlanke Bauwerke zu gering. Der Winddruck ist vielmehr mit $w = 0{,}15 \, v^2$ kg/m² senkrecht getroffener Fläche anzunehmen. Bei Bauten mit kreisförmigem Querschnitt muß demnach pro Quadratmeter senkrecht getroffener Projektionsfläche mit einem Winddruck $w = 0{,}10 \, v^2$ kg gerechnet werden.

3. Unter Einhaltung einer wegen der Rostsicherheit der Eisen zu fordernden Überdeckung ist die Bewehrung in lotrechter und wagerechter Richtung mit Rücksicht auf die besonders infolge ungleichmäßiger Erwärmung des Mantels entstehenden Zugspannungen so nahe wie möglich an die äußere Mantelfläche zu legen[1]).

4. Die bisher der Berechnung zugrunde gelegten Temperaturdifferenzen im Betonmantel treffen absolut nicht die tatsächlichen Verhältnisse und liegen weit unter den wirklich auftretenden Werten. Die für eine Rauchgastemperatur von ca. 250° C (beim Eintritt in den Schornstein) in Betracht kommenden Temperaturdifferenzen im Mantel sind für Kamine mit Auskleidung und Luftisolierschicht zwischen Mantel und Futter auf S. 40 angegeben.

5. Die Abkühlung der Rauchgase in der Kaminröhre ist in den unteren Teilen des Kamins stärker als in den oberen Partien. Der Grad der Abkühlung selbst hängt im wesentlichen von der Menge und von der Temperatur der zuströmenden Abgase ab: heiße Rauchgase kühlen sich stärker ab als weniger heiße.

6. Die Temperaturdifferenzen im Mantel nehmen unter sonst gleichbleibenden Verhältnissen bei gleicher Wandstärke mit der Entfernung von der Eintrittsstelle des Fuchses in den Kamin ab, da mit zunehmender Entfernung vom Fuchs die Abkühlung der Rauchgase immer stärker wird und in den höher gelegenen Schichten des Mantels neben der horizontalen Wärmeausstrahlung der Heizgase auch die in senkrechter Richtung erfolgende Fortpflanzung der Wärme im Mantel selbst wirksam ist. Bei gleichen Verhältnissen bedingen dicke Wandungen größere Temperaturdifferenzen als dünne Wände.

7. Besondere Beachtung verlangt die Berechnung und die Ausbildung der Kaminkrone.

8. Eine Minderung zu großer Temperaturspannungen im Mantel ist, selbst bei ausgefütterten Kaminen, wenn eine bestimmte Wandstärke vorliegt und ein bestimmtes Bewehrungsmaß erreicht ist, nicht mehr durch statische Maßnahmen, sondern nur durch konstruktive (Ventilation der Isolierschicht, Verwendung hochwertiger Zemente zur Erzielung geringer Wandstärken) möglich.

9. Ein absolut rissefreier Kamin aus Mauerwerk für Kesselfeuerungen ist bei den derzeitigen Konstruktionen und den zur Verwendung gelangenden Baustoffen auch bei Anordnung eines Futters in Verbindung mit einer isolierenden Luftschicht nicht möglich, da schon bei den üblichen Rauchgastemperaturen gut geleiteter Kesselfeuerungen (bis 250° C) Zugrisse an der Außenfläche des Mantels infolge zu großer Beanspruchung des Materials unvermeidlich sind. Die nach Ziffer 3 angeordneten Eiseneinlagen können das Auftreten von kleineren Rissen nicht hintanhalten, sie haben jedoch die Aufgabe, zu verhindern, daß zutage getretene Risse sich erweitern und vertiefen.

10. Eisenbetonschornsteine für Kesselfeuerungen sollten nur mit Futter möglichst in Verbindung mit einer isolierenden Luftschicht zwischen Mantel und Futter zur Ausführung gelangen, damit die Möglichkeit eines Angriffes der Rauchgase auf das Mauerwerk und die Eiseneinlagen des Schaftes vermieden und eine Schädigung bzw. Zerstörung derselben verhindert wird. Das Futter bei doppelmanteligen Kaminen hat also neben der Minderung der Temperaturdifferenzen im Mantel gleichzeitig den Zweck, das Mauerwerk des Schaftes und bei eventuell eingetretener Rissebildung im Mantel auch die Eisen vor Zerstörungen chemischer Art, wie solche durch die Rauchgase hervorgerufen werden können, zu schützen.

Es sei hier nur auf ein Gebranntwerden des im Beton enthaltenen Kalkes durch sich festsetzende glühende Aschenteile, sowie auf eine mögliche chemische Umsetzung des Bindemittels und der Zuschlagstoffe des Betons infolge Einwirkung der in den Rauchgasen enthaltenen chemischen Agenzien, z. B. Gipsbildung bei Anwesenheit schwefeliger Gase, hingewiesen. Besonders kräftig werden diese Angriffe sein, wenn die Rauchgas-

---

[1]) Die Formsteine der zur Zeit gebräuchlichen Systeme entsprechen dieser grundlegenden Forderung meistens nicht, da sie in der Regel nur für Eigengewicht und Windbelastung unter Vernachlässigung oder zu geringer Bewertung der Wärmebeanspruchung konstruiert sind.

temperatur unter 100⁰ C liegt, weil dann die chemischen Agenzien in dem Kondenswasser des sich an den Wandungen niederschlagenden Wasserdampfes in Lösung gehen.

10. Da eine gleichzeitige Berücksichtigung der Höchstwerte für Windlast und Wärmebeanspruchung für die Berechnung und Dimensionierung des Schaftes zu ungünstige Belastungsannahmen und eine nicht zu rechtfertigende Erschwerung bei der Dimensionierung des Schaftes darstellen würde, erscheint es zweckmäßig, die Berechnung des Schaftes getrennt für den nicht betriebenen und für den betriebenen Kamin durchzuführen. Im ersten Fall sind der Berechnung auf Winddruck die unter Ziffer 2 angegebenen Höchstwerte zugrunde zu legen, während für den betriebenen Kamin unter voller Berücksichtigung der größten auftretenden Temperaturdifferenzen der Winddruck nach den seither in den amtlichen Vorschriften festgelegten Werten in die Rechnung eingesetzt werden kann. Die zulässige Beanspruchung der Vertikalbewehrung, die nach den für Eisenbetonstützen geltenden Bestimmungen nicht unter 0,8 v. H. des Betonquerschnittes betragen darf, sollte in diesem Fall aber 1000 kg/cm² nicht überschreiten.

Die Ermittlung der Formänderungen der horizontalen Querschnitte des Mantels infolge Winddruck hat für den nicht betriebenen Kamin unter Zugrundelegung der größtmöglichen Windlast (nach Ziffer 2) zu erfolgen (Bewehrung an der Innenfläche des Mantels bei Schornsteinen mit dünnen Wandungen und großem Durchmesser!).

Desgleichen ist für die Berechnung der Ausmaße des Fundamentes des Kamins der Winddruck mit seinem Höchstwert (vgl. Ziffer 2) in Rechnung zu stellen, um die zu fordernde Sicherheit gegen Kippen des Bauwerkes gewährleisten zu können.

Beispiel:

Berechnung des untersten Teiles des 15 cm starken Kaminmantels, d. i. 55 m unter der Mündung

a) nach den seither üblichen Rechnungsgrundlagen,

b) unter Berücksichtigung der Ergebnisse der Messungen und Beobachtungen.

Im nachstehenden soll zunächst die der betrachteten Fuge zukommende Auflast durch Eigengewicht, d. i. durch Mantel und Futter ermittelt werden.

Der Anlauf der Mantellinie des Eisenbetonmantels beträgt 0,0155 m pro stgdm. Die Volumenberechnung wird mit Hilfe der für Umdrehungskörper geltenden Guldinschen Regel durchgeführt.

Die einzelnen Schafttrommeln sind, wie auf Blatt 1 angegeben, mit den Buchstaben $a—i$ bezeichnet.

Schafttrommel a.

Eisenbetonmantel: Die Umdrehungsfläche ist bei einer Trommelhöhe von 15 m und einer Wandstärke von 0,15 m $f = 0,15 \cdot 15,0$ m², die noch um die Umdrehungsfläche der 4 m hohen und 0,05 m starken Manschette vergrößert wird.

Der Umdrehungsdurchmesser der Trommel beträgt

$$d = 5,05 - 2 \cdot \frac{1}{2} \cdot 0,15 + 2 \cdot \frac{15,0}{2} \cdot 0,0155 = 5,05 - 0,15 + 15 \cdot 0,0155 = 5,13 \text{ m},$$

der der Manschette:

$$d = 5,05 + 2 \cdot 3,5 \cdot 0,0155 + 2 \cdot \frac{0,05}{2} = 5,20 \text{ m}.$$

Es folgt demnach für die Trommel a einschließlich Manschette ein Volumen

$$V = 0,15 \cdot 15,0 \cdot 5,13 \cdot 3,14 + 0,05 \cdot 4,0 \cdot 5,20 \cdot 3,14 = 36,25 + 3,25 = 39,5 \text{ m}^3$$

und mithin ein Gewicht von

$$G = 39,5 \cdot 2250 = 89\,000,0 \text{ kg}.$$

Futter: Hierfür folgt als Umdrehungsdurchmesser

$$d = 4,5 + \frac{2 \cdot 0,12}{2} + 2 \cdot \frac{15,0}{2} \cdot 0,0155 = 4,5 + 0,12 + 0,23 = 4,85 \text{ m},$$

somit ein Volumen

$$V' = 0,12 \cdot 15,0 \cdot 4,85 \cdot 3,14 = 27,3 \text{ m}^3$$

und als Gewicht

$$G' = 27,3 \cdot 2000 = 54\,600,0 \text{ kg}.$$

Schafttrommel b.

Eisenbetonmantel: Umdrehungsdurchmesser

$$d = 5,05 - \frac{2 \cdot 0,15}{2} + 2\,(15 + 5)\,0,0155 = 4,9 + 0,62 = 5,52 \text{ m}.$$

Umdrehungsfläche: $0,15 \cdot 10,0 = 1,5 \text{ m}^2$.

Volumen: $0,15 \cdot 10,0 \cdot 5,52 \cdot 3,14 = 26,0 \text{ m}^3$.

Hierzu kommt noch das Volumen des das Futter der Trommel a aufnehmenden Kragringes im Betrage von

$$(5,05 + 2 \cdot 15 \cdot 0,0155 - 0,56 + 0,13)\,3,14 \cdot 0,3 \cdot 0,13 = 5,08 \cdot 3,14 \cdot 0,3 \cdot 0,13 = 0,62 \text{ m}^3.$$

Gesamtvolumen: $V = 26,0 + 0,62 = 26,62 \text{ m}^3$ und

Gesamtgewicht: $G = 26,62 \cdot 2250 = 60\,000 \text{ kg}.$

Futter: Unter Vernachlässigung des geringen Anzuges des 0,5 m hoch übergreifenden Futterrohres, sollen für die Berechnung des mittleren Durchmessers (Umdrehungsdurchmesser) die Durchmesser an den Oberkanten der Kragsteine gelten. Umdrehungsdurchmesser

$$d = 5,05 + 2\,(15,0 + 5,0)\,0,0155 - 2\left(0,15 - \frac{0,06 + 0,13}{2} + \frac{1}{2} \cdot 0,12\right)$$
$$= 5,05 + 0,62 - 2\,(0,15 - 0,095 + 0,06) = 5,06 \text{ m}.$$

Volumen: $V = 0,12 \cdot 10,50 \cdot 5,06 \cdot 3,14 = 20,0 \text{ m}^3$.

Gewicht: $G = 20,00 \cdot 2000 = 40\,000 \text{ kg}.$

Schafttrommel c. Eisenbetonmantel.

Schaft: $d = 5,05 + 2 \cdot 30 \cdot 0,0155 - 2 \cdot \frac{1}{2} \cdot 0,15 = 4,9 + 0,93 = 5,83 \text{ m}.$

Kragring: $d = 5,52 + 0,0155 - 0,48 = 5,195 \text{ m}.$

Volumen: $V = 0,15 \cdot 10,0 \cdot 5,83 \cdot 3,14 + 0,3 \cdot 0,18 \cdot 5,195 \cdot 3,14 = 28,38 \text{ m}^3$.

Gewicht: $G = 28,38 \cdot 2250 = 63\,800 \text{ kg}.$

Futter: $d = 5,83 - 2 \cdot \frac{1}{2} \cdot 0,15 - (0,06 + 0,18 + 0,12) = 5,83 - 0,15 - 0,36 = 5,32 \text{ m}.$

Volumen: $V = 0,12 \cdot 10,5 \cdot 5,32 \cdot 3,14 = 21 \text{ m}^3$.

Gewicht: $G = 21,0 \cdot 2000 = 42\,000 \text{ kg}.$

Schafttrommel d.

Eisenbetonmantel: $d = 5,05 + 2 \cdot 40 \cdot 0,0155 - 0,15 = 5,05 + 1,24 - 0,15 = 6,14 \text{ m}.$

Kragring: $d = 6,14 - 0,15 - 0,155 - 0,18 = 5,65 \text{ m}.$

Volumen: $V = 0,15 \cdot 10,0 \cdot 6,14 \cdot 3,14 + 0,18 \cdot 0,3 \cdot 5,65 \cdot 3,14 = 29,86 \text{ m}^3$.

Gewicht: $G = 29,86 \cdot 2250 = 67\,200 \text{ kg}.$

Futter: $d = 6,14 - 0,15 - 0,06 - 0,18 - 0,12 = 5,63 \text{ m}.$

Volumen: $V = 0,12 \cdot 10,5 \cdot 5,63 \cdot 3,14 = 22,4 \text{ m}^3$.

Gewicht: $G = 22,4 \cdot 2000 = 44\,800 \text{ kg}.$

Schafttrommel e.

Eisenbetonmantel: $d = 5,05 + 2 \cdot 50 \cdot 0,0155 - 0,15 = 6,4$ m .
  Volumen: $V = 0,15 \cdot 10,0 \cdot 6,45 \cdot 3,14 + 0,18 \cdot 0,3 \cdot 5,965 \cdot 3,14 = 31,4$ m³ .
  Gewicht: $G = 31,4 \cdot 2250 = 70\,600$ kg .

Futter: $d = 6,45 - 0,15 - 0,06 - 0,18 - 0,12 = 5,94$ m .
  Volumen: $V = 0,12 \cdot 10,5 \cdot 5,94 \cdot 3,14 = 23,5$ m³ .
  Gewicht: $G = 23,5 \cdot 2000 = 47\,000$ kg .

Für die betrachtete Fuge, unmittelbar über dem Kragring ergibt sich:
eine Auflast aus Mantel und Futter von: $G = 532\,000$ kg,
ein mittlerer Durchmesser: $\qquad d = 6,295 + 0,31 = 6,605$ m ,
eine Querschnittsfläche: $\qquad F = 0,15 \cdot 6,605 \cdot 3,14 = 3,1$ m² $= 31\,000$ cm² ,
ein Eisenquerschnitt: $\qquad fe = 44 \cdot \dfrac{5,0}{0,45} = 99,00$ cm² ,
eine ideelle Belastungsfläche: $\qquad F' = 31\,000 + 1500 = 32\,500$ cm² ,
eine Betondruckspannung: $\qquad \sigma_b = 532\,000 : 32\,500 = 16,4$ kg/cm² ,
und eine Eisendruckspannung: $\qquad \sigma_e = 15 \cdot 16,4 = 245$ kg/cm² .

a) Die bisherige Berechnungsweise legte der Berechnung zugrunde: Winddruck $w = 150$ kg/m² senkrecht getroffener Fläche, Abflußkoeffizient des Windes an zylindrischen Flächen $k = 0,67$, Temperaturdifferenz im Mantel $t_i - t_a = 30°$ C, das spezifische Gewicht des Eisenbetons 2400 kg/m³, das des Futters 2000 kg/m³.

Nach Müller-Breslau ist das Biegungsmoment infolge Winddruck

$$M = \frac{2}{9} \, W \cdot h^2 \, (D_o + R_u) \, ,$$

wenn D_o der obere Mündungsdurchmesser und R_u der äußere Halbmesser der zu untersuchenden Fuge ist. Es wird deshalb:

$$M = \frac{2}{9} \cdot 150 \cdot 55^2 \left(5,05 + \frac{1}{2} \, 6,755\right) = 850\,000 \text{ mkg} .$$

Die senkrechte Belastung aus Eigengewicht ist gemäß der vorhergehenden Aufstellung:

$$\sim (416\,600 + 70\,600) \, \frac{2400}{2250} + 44\,800 = 564\,800 \text{ kg} .$$

Der Wind bedingt demzufolge eine Exzentrizität

$$a = \frac{85\,000\,000}{564\,800} = 150 \text{ cm} .$$

Da

$$\frac{a}{r_m} = \frac{150}{330,25} = 0,455$$

ist, hat Wind in der betrachteten Fuge nur Druckspannungen zur Folge; es kann deshalb nach der Formel

$$\sigma = \frac{P}{F} \pm \frac{M}{W}$$

gerechnet werden.

Als Armierung des Querschnittes sind 44 Flacheisen 50 | 4,5 mm $= 99$ cm² gewählt. Nach Saliger kann man sich den Beton- und Eisenquerschnitt auf den Mantel eines Zylinders vom Halbmesser $\varrho = \frac{1}{2} \, (R + r)$ vereinigt denken, so daß die Querschnittsfläche

$$F_i = 2 \cdot \varrho \cdot \pi \cdot d + n \cdot fe = 31\,000 + 1500 = 32\,500 \text{ cm}^2 \quad \text{und}$$

$$W = \frac{\varrho}{2} \, (2\varrho \cdot \pi \cdot d + n \cdot fe) = \frac{330}{2} \, (660 \cdot 3,14 \cdot 15 + 1500) = 165 \, (31\,000 + 1500)$$

$$= 165 \cdot 32\,500 = 5\,360\,000 \text{ cm}^3 .$$

Die Betonspannungen werden daher:

$$\sigma = \frac{P \pm \dfrac{2M}{\varrho}}{2\varrho \cdot \pi \cdot d \cdot n \cdot fe} = \frac{P\left(1 \pm \dfrac{2a}{\varrho}\right)}{5\,360\,000} = \frac{564\,800\left(1 \pm \dfrac{300}{330}\right)}{5\,360\,000} = \frac{564\,800\,(1 \pm 0{,}91)}{5\,360\,000}$$

$$\sigma_1 = 20{,}0 \text{ kg/cm}^2, \qquad \sigma_2 = 0{,}95 \text{ kg/cm}^2$$

und die Druckspannung im Eisen:

$$\sigma_{e_1} = 15 \cdot 20 = 300 \text{ kg/cm}^2; \qquad \sigma_{e_2} = 15 \cdot 0{,}95 = 14{,}0 \text{ kg/cm}^2 .$$

Unter der Voraussetzung, daß die gesamte Zugkraft als Resultante der infolge der Temperaturdifferenz von $30^0\,$C im Mantel entstehenden Zugspannungen von den Eiseneinlagen allein aufgenommen wird, folgt nach Saliger für die Ringarmierung, bei einer zulässigen Beanspruchung von $\sigma_e = 1600$ kg/cm^2 als zur Vermeidung von Rissen erforderliche Mindestarmierung

$$fe_h = f_b \cdot \mu_h = \frac{E \cdot \alpha\,(t_i - t_a)}{2\,(1 + \sqrt{m})^2 \cdot \sigma_e}\, h \cdot d = 0{,}000005 \cdot 30 \cdot 100 \cdot 15 = 2{,}25 \text{ cm}^2$$

pro steigenden Meter Mantel.

Für die Vertikalarmierung folgt bei $\sigma_e = 1000$ kg/cm^2 analog

$$fe_v = \mu_v \cdot 2\varrho\pi \cdot d = 0{,}0024 \cdot 2 \cdot 330 \cdot \frac{3{,}14}{15} = 75{,}00 \text{ cm}^2$$

für den ganzen Umfang. Die gewählte Armierung von $fe = 44$ Stück $50\ 4{,}5$ mm wäre also viel zu reichlich bemessen.

Mit dieser Berechnung ist bis in die jüngste Zeit nach den seitherigen Unterlagen die Berechnung in der Mehrzahl der Fälle erschöpft gewesen.

b) Berechnung auf Grund der Messungsergebnisse. Die Spannungen infolge Eigengewicht bei den gemessenen Raumgewichten sind vorstehend ermittelt.

1. Bei nicht in Betrieb befindlichem Kamin soll für die Berechnung des Winddruckes die Windgeschwindigkeit $v = 45$ m/sek. angenommen werden, so daß $W = 0{,}15 \cdot 45^2 = 305$ kg/m^2 senkrecht getroffener Fläche und $W_a = 0{,}15 \cdot 0{,}67 \cdot 45^2 \sim 210$ kg/m^2 Projektionsfläche des zylindrischen Kaminmantels wird. Das Biegungsmoment durch Wind wird demnach für die betrachtete Fuge

$$M = 170\,000\,000 \text{ cmkg} .$$

Da die Auflast $P = 416\,600 + 70\,600 + 44\,800 = 532\,000$ kg beträgt, so wird die durch Winddruck bedingte Exzentrizität

$$a = 170\,000\,000 : 532\,000 = 320 \text{ cm und}$$

demzufolge

$$\frac{a}{\varrho} = \frac{\lambda}{r_m} = \frac{320}{330} = 0{,}97 \sim 1{,}0 .$$

Die bei der Ausführung des Kamins gewählte Bewehrung von 99 cm^2 ist $\dfrac{99}{31\,000} = \dfrac{0{,}99}{310} = 0{,}0032 = \mu$ der Betonfläche.

Nach Saliger folgt die maximale Betondruckspannung aus der Gleichung

$$P = A \cdot f_b \cdot \sigma_m$$

und die Eisenzugspannung: $\sigma_e = B \cdot \sigma_m$ wofür die Werte für A und B den von Saliger berechneten Tabellen zu entnehmen sind und die Betonzugzone vernachlässigt bleibt. Durch Interpolieren ergibt sich aus den Tabellenwerten für

$$A = 0{,}253 + \frac{0{,}30}{2{,}5} \cdot 0{,}7 = 0{,}253 + 0{,}087 = 0{,}34$$

und für

$$B = 26 - \frac{6{,}4}{2{,}5} \cdot 0{,}7 = 26 - 1{,}80 = 24{,}2 .$$

Demzufolge wird

$$\sigma_{b_\mathrm{m}} = \frac{532\,000}{31\,000 \cdot 0,34} = 54,00 \text{ kg/cm}^2 ,$$

$$\sigma_e = 24,2 \cdot 54,0 = 1300 \text{ kg/cm}^2 .$$

Daraus folgt, daß die zur Ausführung gelangte Bewehrung für den kalten Kamin gerade noch genügen würde.

2. Für den in Betrieb befindlichen Kamin kommt aber neben Winddruck und Eigengewicht noch die Belastung durch ungleichmäßige Erwärmung bei Ermittlung der lotrechten Bewehrung und für die Berechnung der Beanspruchungen in Frage.

Die maximale Temperaturdifferenz in der betrachteten Fuge beträgt nach Seite 40 $t_i - t_a = 75^0$ C. Daß hierfür die nach vorstehender Berechnung gewählte Bewehrung weder in horizontaler noch in vertikaler Richtung nicht genügen kann, ist ohne weiteres ersichtlich.

Die Berechnung der Ringbewehrung ist auf Seite 46 durchgeführt. Zum Vergleich soll die Berechnung auch noch ohne Berücksichtigung der Zusammenpressung des Betons durch die Ringeisen, lediglich unter Zugrundelegung des Wärmemomentes und unter Ausschluß der Betonzugzone erfolgen.

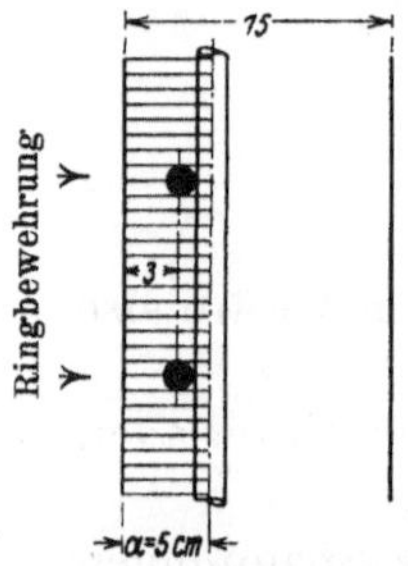

Dem Wärmemoment

$$M \sim 154\,000 \text{ cmkg}$$

entspricht bei $\sigma_e = 1500$ kg/cm^2 und einer wirksamen Wandstärke von 12 cm ein Eisenquerschnitt $fe = 10$ cm^2 pro steigenden Meter und eine Betonbeanspruchung von $\sigma_b = 64$ kg/cm^2.

Es zeigt sich mithin, daß auch die zur Aufnahme des Wärmemomentes allein erforderliche Bewehrung selbst bei der angenommenen hohen Eisenbeanspruchung bei weitem das Maß der Ringarmierung übersteigt, das bei Ausführung von Eisenbetonschornsteinen seither allgemein zur Anwendung kam.

Abb. 66.

Für die Ermittlung der lotrechten Eiseneinlagen ist bei Berücksichtigung der Wärmebeanspruchung zu beachten, daß die vertikale Bewehrung um ca. 2 cm tiefer eingebettet zu liegen kommt, als die Ringbewehrung. Die Einbettungstiefe a wird nach Abb. 66 also etwa 5 cm stark sein, so daß sich für die Stärke des wirksamen Querschnittes $d - a \sim 15 - 5 = 10$ cm ergibt. Nachdem auf die Tiefe der Einbettung der Eisen, d. i. $a \sim 5$ cm eine Rissebildung nicht zu vermeiden sein wird, so kommt für den wirksamen restigen Querschnitt bei Ermittlung der Eiseneinlagen und der Spannungen infolge ungleichmäßiger Erwärmung des Mantels nur ein Temperaturabfall von $t_i - t'_a = 75 \cdot \dfrac{10}{15} = 50^0$ C in Betracht.

Nach den amtlichen Bestimmungen ist für Eisenbetonsäulen eine Bewehrung von mindestens 0,8 % des Betonquerschnittes anzuordnen; im vorliegenden Fall wäre also eine Bewehrung von mindestens $fe = 12$ cm^2 pro laufenden Meter Umfang vorzusehen.

Unter Zugrundelegung dieser Bewehrung folgt die Schwerpunktsachse des betrachteten Querschnittes bei Berücksichtigung der Betonzugzone aus der Gleichung

$$\frac{1}{2}\,100\,x^2 = 100\,(10 - x)^2 \cdot \frac{1}{2} + 15 \cdot 12\,(10 - x),$$

zu $x = 5,75$ cm.

Es wird mithin das Trägheitsmoment

$$J = \frac{1}{3}\,100\,(5,75^3 + 4,25^3) + 15 \cdot 12 \cdot 4,25^2 = 12150 \text{ cm}^4$$

und das Wärmemoment

$$M = \frac{1}{10} \cdot 0,0000106 \cdot 140\,000 \cdot 50 \cdot 12\,150 = 90\,000 \text{ cmkg} .$$

Als Beanspruchungen ergeben sich

$$\sigma_b = 90\,000 \cdot 5{,}75 : 12150 = +\quad 43{,}0 \ \mathrm{kg/cm^2}$$
$$\sigma_{b_z} = 90000 \cdot 4{.}25 : 12150 = -\quad 31{,}7 \ \mathrm{kg/cm^2}$$
$$\sigma_e = 15 \cdot 31 \cdot 7 \qquad\qquad = -\ 475 \quad \mathrm{kg/cm^2}\,.$$

Ohne Berücksichtigung der Betonzugzone folgt für die Berechnung der neutralen Achse die Gleichung

$$\frac{1}{2}\, 100 \, x^2 = 15 \cdot 12(10 - x)\,,$$

aus der sich

$$x = 4{,}5 \ \mathrm{cm}$$

ergibt, so daß

$$J = \frac{1}{3}\, 100 \cdot 4{,}5^3 + 15 \cdot 12 \, (10 - 4{,}5)^2 = 8400 \ \mathrm{cm^4}\,.$$

Da das Wärmemoment

$$M = 90000 \ \mathrm{cmkg} \quad \text{ist,}$$

ergeben sich dabei nachstehende Spannungen:

$$\sigma_b = 90000 \cdot \frac{4{,}5}{8400} = +\, 48{,}00 \ \mathrm{kg/cm^2}\,.$$

$$\sigma_e = -\, 15 \cdot 90000 \, \frac{5{,}5}{8400} = -\, 900 \ \mathrm{kg/cm^2}\,.$$

Zu diesen Beanspruchungen addieren sich nun noch jene aus Winddruck und Eigengewicht. Da bei voller Berücksichtigung der Wärmespannungen nur mit einem Winddruck von 150 kg/m² senkrecht getroffener Fläche gerechnet werden soll, so ergeben sich nach S. 59 folgende Endspannungen für die Belastung aus Eigengewicht. Winddruck und Wärme:

auf der Leeseite:

$$\max \sigma_b \sim 48{,}0 + 20{,}0 = 68{,}0 \ \mathrm{kg/cm^2} \ \text{(Innenfläche)}$$
$$\min \sigma_e \sim -900 + 300 = -600 \ \mathrm{kg/cm^2},$$

auf der Luvseite:

$$\min \sigma_b \sim 48{.}0 - 0{,}95 \sim 48{,}95 \ \mathrm{kg/cm^2} \ \text{(Innenfläche)}$$
$$\max \sigma_e \sim -900 + 14 = -886 \ \mathrm{kg/cm^2},$$

wenn unter $\min \sigma_b$ die kleinste auftretende bzw. errechnete Beton d r u c k spannung verstanden wird.

Was die Betondruckspannung anlangt, so ist zu erwähnen, daß diese an der Innenfläche des auf der Leeseite liegenden Teiles des Mantels ihren größten Wert erreicht. der weit über die Beanspruchung hinausgeht. die man bisher allgemein als Grenze festsetzte und vermutete.

Die Rechnung zeigt, daß die Rauchkamine mit zu den stärkst beanspruchten Kunstbauten zählen, die in ihrer Konstruktion und Berechnung einer gewissenhaften Bearbeitung und beim Bau der größten Sorgfalt, sowohl in der Auswahl und Zusammensetzung der Materialien als auch hinsichtlich der Ausführung selbst bedürfen, wenn sie den an sie gestellten hohen Anforderungen mit Rücksicht auf die zu verlangende Sicherheit genügen sollen.

Quellenangabe.

Prof. Lang: Der Schornsteinbau.
Prof. Dr. Probst: Vorlesungen über Eisenbeton.
Dr. Hencky: Wärmeverluste durch ebene Wände.
Prof. Dr. Föppl: Graphische Statik, Festigkeitslehre, Höhere Elastizitätstheorie.
Prof. Saliger: Handbuch des Eisenbetonbaues, Bd. IV.
Gewerberat Jahr: Anleitung zum Entwerfen und zur Berechnung der Standfestigkeit von Schornsteinen. 1920.
Cordier: Berg- und Hüttenmännische Zeitung, Jahrgang 1880.
Ing. Jaschke: Feuerungstechnik, Jahrgang 10, Heft 3.
Dr. Löser: Beton und Eisen, Jahrgang 22, Heft 1.
Dr. Lewe: Bauingenieur, Jahrgang 22, Heft 17.
Buchegger: Bauingenieur, Jahrgang 22, Heft 16.

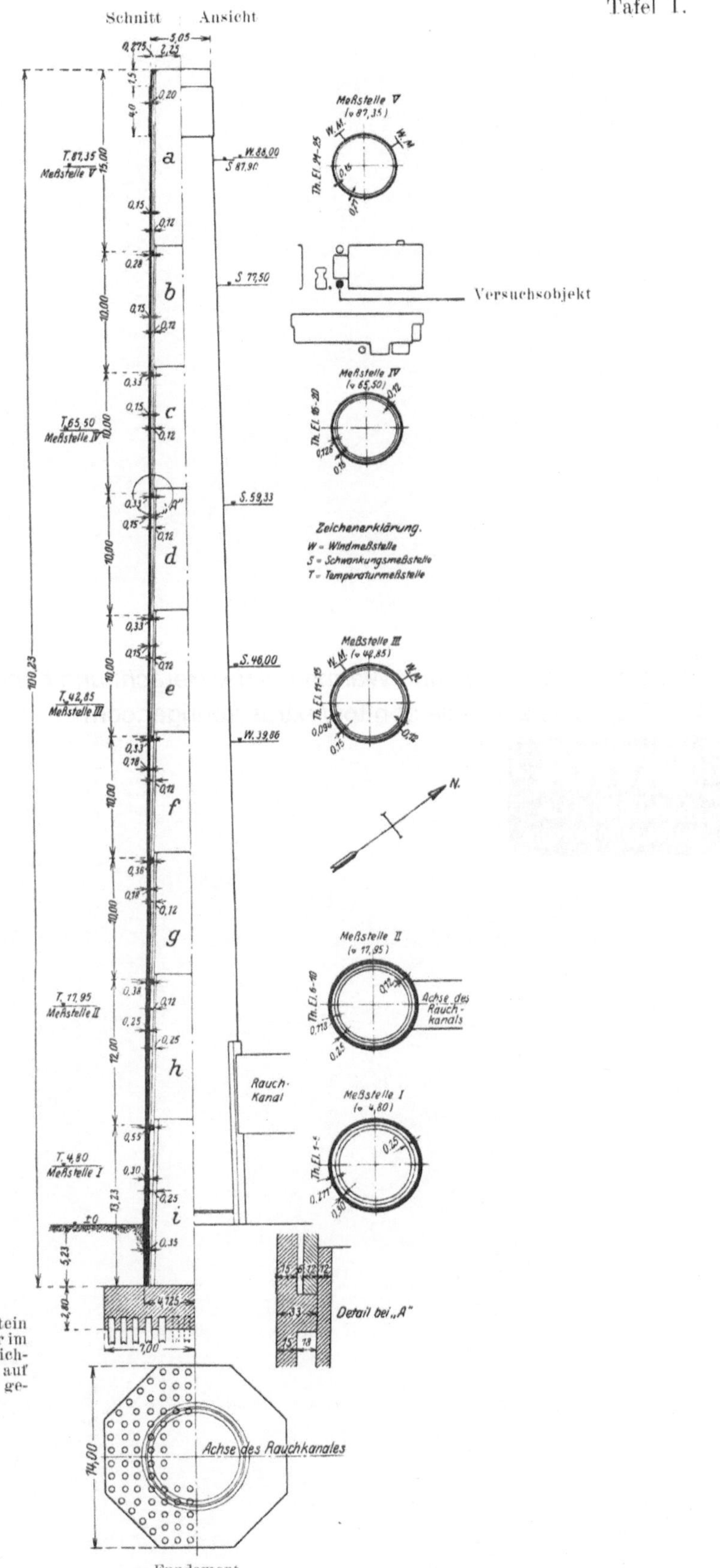
Schnitt   Ansicht
Meßstelle V
(⌀ 87,35)
Versuchsobjekt
Meßstelle IV
(⌀ 65,50)
Zeichenerklärung.
W = Windmeßstelle
S = Schwankungsmeßstelle
T = Temperaturmeßstelle
Meßstelle III
(⌀ 44,85)
N.
Meßstelle II
(⌀ 17,95)
Achse des Rauch-kanals
Rauch-Kanal
Meßstelle I
(⌀ 4,80)
Detail bei „A"
Der Schornstein ist nur in der im Schnitt gezeichneten Hälfte auf Holzpfähle gegründet
Achse des Rauchkanales
Fundament
a
b
c
d
e
f
g
h
i

Additional material from *Wind und Wärme bei der Berechnung hoher Schornsteine aus Eisenbeton.*
978-3-642-98720-5, is available at http://extras.springer.com